HUMAN HABITAT DESIGN IN AN ERA OF BAY AREA

蔡明 方巍 韩嘉为 著

湾区时代 人居营造

中国建筑工业出版社

图书在版编目（CIP）数据

湾区时代人居营造/蔡明，方巍，韩嘉为著. —北京：中国建筑工业出版社，2019.8
ISBN 978-7-112-23972-6

Ⅰ.①湾…　Ⅱ.①蔡…　②方…　③韩…　Ⅲ.①居住建筑－建筑设计　Ⅳ.①TU241

中国版本图书馆CIP数据核字（2019）第141144号

责任编辑：杜　洁　李玲洁
书籍设计：张悟静
责任校对：王　烨

主　　编：蔡　明　方　巍　韩嘉为
执行主编：陈丹子
编 辑 组：曾　琴（平面）　甘雁娜（文字）
编 委 组：张伟峰　张国辉　王连文　谭永忠　熊　强　王捷勇
　　　　　李　列　叶俊明　顾焕良　肖　宇　肖远兵　蓝聪尧
　　　　　李雄平　唐　波　杨　浩　左小冬
项目摄影：何　炼　曾天培
活动摄影：C&Y品牌部　墨染工作室

湾区时代人居营造

蔡　明　方　巍　韩嘉为　著

中国建筑工业出版社出版、发行(北京海淀三里河路9号)
各地新华书店、建筑书店经销
北京雅昌艺术印刷有限公司印刷

开本：960×1270毫米　1/16　印张：16½　字数：415千字
2020年8月第一版　2020年8月第一次印刷
定价：188.00元
ISBN 978-7-112-23972-6
　　　　（34271）

序 一

彭一刚
中国科学院院士
天津大学教授、博士生导师
天津大学建筑设计规划研究
总院名誉院长

蔡明是我在天津大学执教多年的学生里印象较深的一个。不仅仅因为那一届我只招了他一个研究生，还因为他在其中实属留心好学、认真扎实的一个。成为一名优秀的建筑师，除了天分以外，更需要吃苦和扎实的功底，他恰恰具备了这些品质。

在 2018 年出版的《画意中的建筑》收录的是我近 40 年从事实际工程的设计表现图，犹记得里面收录的第一个作品是天津市科技馆，其中全景水粉表现图就是当年蔡明在专业教研室伏案趴图板协助完成的。由小椎体组成的穹顶属于传统难画的部位，较难起稿，我安排他负责时内心还略有担心难度太大。几天后，我看到了一个透视准确、空间尺度感真实的穹顶，且细节刻画到位，线条娴熟老练，我很惊讶，一问方知原来他搜集参考了国外的许多杂志和资料，反复勾画而成。喜爱之余我又在图边上加了些比例人和配景，师生之间默契合作，其乐融融。作品最后被收入到《天大优秀建筑表现作品集》中。除此以外，蔡明在研究生论文写作期间，常来我家里借阅国外参考书籍。我也时常留他在家同进晚餐，在专业和生活等各方面交流并教导之。他日常的用心好学乃至后来在特区创办开朴设计公司所获得的成绩，亦验证了建筑专业学生在工作中取得的每一点成绩所需要付出的努力与辛苦其实是必须的。

在 2008 年，我和金秘书受邀专程飞往深圳，实地探访开朴公司的创作工作室，并参观蔡明担纲设计的深圳中心区现代国际大厦。看到学生在特区创业，并设计出很好的作品，非常欣慰和感慨：他毕业时由我推荐到深圳一家大型设计公司工作，在其中完成了许多重大项目，没想十年后毅然离开，创

立开朴公司，至今 15 载有余，其中的艰苦与他表现出对创业的热忱与激情也令人感动。可谓苏轼《定风波》中的两句词可以形容他："莫听穿林打叶声，何妨吟啸且徐行。"

所谓十年磨一剑，2018 年底又受邀参加蔡明公司在深圳艺展中心隆重举办的朴道艺行 15/25 周年设计展。听到历经 15 年的辛勤开拓和沉淀，他的公司已成长为有三百多人的设计团队，也完成了众多的公建、商业、住宅、乡建项目，其中不乏经典之作。欣喜之余想亲往祝贺，但因为腿脚略为不便，特拍摄视频以表祝贺，鼓励他更进一步，多做精品的同时，做好设计的后期服务。

值 2020 年中国建筑工业出版社出版此书，回应粤港澳大湾区未来无限期待的发展蓝图，正是对多年来开朴艺洲公司在人居领域多年设计实践沉淀的专业经验的总结，以及未来人居空间的初步学术探讨。希冀未来开展如火如荼的粤港澳大湾区建设之际，湾区的建筑师也将迎来新的发展机遇，特别是在中央定位为中国特色先行示范区的深圳，更是如此。祝愿蔡明能继续发扬天大人矢志创新的追求，带领开朴艺洲设计团队扎实努力，传承天大人求实勤奋的作风，在不远的将来创造更大的成就。

彭一刚
2019.11.10
于天津大学

序 二

孟建民
中国工程院院士
全国建筑设计大师
中国建筑学会副理事长
深圳市建筑设计研究总院
总建筑师

蔡明是彭一刚院士的学生，硕士毕业后分配到香港华艺设计公司工作，师从陈世民设计大师多年，2003 年创业，2010 年收购深圳改革开放最早一批民营建筑事务所之一的艺洲设计院。他一直坚持在建筑设计领域，至今已有 26 年，取得了优异的成绩，创作出不少有影响力的公建作品，10 年来带领团队专注于住宅产品研发与设计，长期精心服务于国内一线开发企业，赢得了良好的市场口碑。同时专注于经营管理，在他的带领下，公司已驶入能应对市场变化、快速发展的专业轨道。同时，公司还坚持产学研一体的发展道路，近年与母校天津大学保持紧密联系与互动，相继成立天津大学设计研究中心办公建筑研究所和研究生实践基地。他本人也兼职天大建筑学院客座教授，亲自担任办公建筑研究所负责人，忙碌的工作之余热心为学校的学术建设付出自己的努力。他热爱艺术，擅长水彩画和雕塑，是一位多才多艺的复合型职业建筑师，为人诚恳谦虚，交友专一，厚道有信。

改革开放 40 年的行业洗牌和市场剧变，建筑设计直面举步维艰、泥沙俱下的危机现状，大量设计公司失去了前进的方向和动力。当前，设计观念普遍缺乏创新，差异化设计仅仅只是设计师的口头禅；与之相反产品的迭代速度令人应接不暇，市场竞争愈加残酷，降价策略令企业利润窒息待亡；多年来惯性形成的设计模式和思维习惯受到空前的挑战与质疑。摆在行业实体和从业人员面前的选择是现实而艰难的，究竟是转行、转型或留守观望，还是改变、创新和浴火重生……然而，变革总是伴随着痛苦和煎熬，创新之路谈何容易？正因为如此，蔡明在建筑设计行业始终坚定前行的执着更加难能可贵，我也见证了他一路走来的艰辛和不易。

设计公司的核心是品牌支持下的优质客户和优秀设计人才，两者之间的良性互动是设计企业生命之根本所在，一切跨界转型和变革提升都是因之而动，唯之而通。成就客户才能成就企业，设计的终极使命在于为社会和客户创造持续的价值，成为一个有竞争力的设计企业是开朴艺洲的目标。基于彭先生和我导师齐康先生多年的深厚友谊与信任，作为他的师长和老朋友，真诚地期待在不远的将来，他们能专心于建筑创作，不断进步成长与发展壮大，推动行业的发展，为社会创造出更多更高品质、更有专业水准的优秀作品。祝愿开朴艺洲设计机构飞得更高更远！

二〇一九年七月一日

序 三

张 颀
原天津大学建筑学院院长
教授、博士生导师

年初的时候，2月16日，我的一个学生辞去天津的工作，拖家带口飞往深圳，开启万里鹏程。两天以后，2月18日，中共中央、国务院印发了《粤港澳大湾区发展规划纲要》，提出了粤港澳大湾区近期（到2022年）及远期（到2035年）发展目标。"来而不可失者，时也；蹈而不可失者，机也。"同一个时间节点，同一张梦想蓝图，一个富有活力和国际竞争力的一流湾区和城市群建设将在中华儿女不懈奋斗中一步步化为现实。这是大湾区在中国新的发展阶段上的新起点，也是一个天大建筑学人和他的小家庭实现新发展、做出新贡献、创造新价值的新起点。

在这之前，2018年12月，我曾专程前往深圳参观了开朴艺洲在深圳罗湖艺展中心举办的作品展。开朴艺洲设计机构的创办者——蔡明、方巍、韩嘉为，他们三个是始终坚持奋斗在建筑设计道路上的同路人，从天大建筑学院走出去，在体制大院中获得成长，又联合在深圳创办设计公司多年。可以想见，在高速发展的特区从事建筑设计工作并不是一件舒适的事情。然幸或不幸，建筑这个行当赋予从业者"苦行"和"自律"的精神底色，他们秉承对专业的热爱和执着，顽强生存下来并强悍成长。经过16年发展，开朴艺洲已成为拥有建筑甲级资质、300余位员工的知名设计机构。三位创业者带领团队完成的作品已遍布全国80多个城市，涵盖规划、办公、住宅、产业、旅游、文化、教育、活化改造、乡村建设等各个类别。从作品中我看到了他们矢志创新和究极细致的专业态度，以及对项目方案落地的把控能力。别人喜欢用"奇迹"来形容深圳，而天大人，"不从纸上逞空谈"，要脚踏实地把奇迹来创造。

今天，当阅毕这部《湾区时代人居营造》书稿，我再次感受到一种激动和振奋的感情，这是天大建筑教育与特区建设实践相结合的硕果，也是"实事求是"天大精神与"改革创新"深圳精神相结合的硕果。我看到在高速运转的深圳，在粤港澳大湾区发展的伟大时代背景下，有一群前赴后继、敢闯敢试、追求卓越、勇立潮头的建筑师们，他们在各自生命中的某一天来到深圳，有理想，有抱负，肯奋斗，敢担当，而他们每个人心底都有一枚天大建筑的烙印。珠江潮起再出发，从诞生之日起就承担着改革开放"试验田"角色的深圳，和从学成之时起就肩负起天大使命的建筑学人，如今面对新使命、新要求，做出的回答是：与粤港澳大湾区这一中国最年轻、最有前途、最开放、最有竞争力的经济体同呼吸、共成长，牢记使命，发挥才学，铭记徐中先生提出的"尊重传统、立足创新"的建筑理念，为居民建设更良好的生态环境，促进大湾区的可持续发展！

二〇一九年十一月五日
于天津大学建筑学院

前　言

湾区，是一个在这个时代充满魅力的话题。

"湾区"简单的两个字，却包含了无限的想象空间和话题性。它既是地理概念，也是经济现象。世界知名的三大湾区：纽约湾区、东京湾区、旧金山湾区，又被称为金融湾区、科技创新湾区、产业升级湾区，它们分别以经济、科技、产业为核心产业，带动其他层面共同发展，湾区作为人类社会物质和精神文明发展一定高度的代表，自然而然成为世界目光的聚焦所在。

而湾区人居日常，对未出国门的大多数国人来讲，其印象可能还停留于影视作品里的表达，毕竟在他人镜头里的价值观下，认知永远是不能做到足够真实的。2019 年深圳经济特区在改革开放四十周年之际庆祝其创造的奇迹并迎来新的历史机遇，《粤港澳大湾区发展规划纲要》全文在北京正式公布，也意味着推进粤港澳大湾区的建设热潮将澎湃而起。善弈者谋势，深圳作为湾区四大中心城市之一，无论从城市物质层面的基础设施、产业体系、人口结构，还是观念层面的政府思维以及社会思潮，都以其经济特区的先天条件、制度势能、政策优势，让人为之期待。打造未来超级湾区的中心城市，将成为深圳可预期的未来，而湾区人居，将成为未来"湾民"的日常体验，湾区时代的大门，正在徐徐打开。

作为扎根深圳的民营建筑设计企业之一，C&Y 开朴艺洲设计机构见证了改革开放"大潮起珠江"中的激荡 26 年。1993 年，艺洲建筑在深圳成立，成为全国首批三家有甲级设计资质的民营建筑师事务所之一。2003 年，创立于美国马里兰州的开朴建筑设计进驻深圳，在梅林中康路 8 号的雕塑家园深耕发展。2010 年，同具民营企业基因、理念相近的艺洲建筑和开朴建筑强强联合，正式合并成立 C&Y 开朴艺洲设计机构，从此一路携手、共同践行"朴于行，艺至远"的理念。成立 25 年来，从相识于微时的几个创始人，到壮大为三百多人的设计团队，民营企业一路的坎坷与奋斗，用不留余地的努力为自己背书，正回应了特区奋斗者们无畏无惧的激流勇进。开朴艺洲带有强烈的特区草根企业的印记，作为一家提供从城市设计咨询、方案到施工图一体化服务流程的民营建筑设计公司，以充满激情的创造力、始终如一的效率和专注专业的服务精神，运用严谨独特的逻辑推导方法，坚持"定制、赋能、跨界"的设计主张，探索中国民营建筑设计企业全新发展范式。

在城市化浪潮下的现代中国，巨大无边的建设量、资本要求下快速的建设周期与近乎苛刻的设计时间周期，形成一个奇异而矛盾的景象。身处这个时期的湾区建筑师们，如何满足政府或者开发商客户的价值要求，在有限的时间周期内，设计出符合市场需求，成本和价值达到最佳配置，又能在一定程度最终改善使用者运营、居住体验的建筑？开朴艺洲用自己充满理性、情怀和匠心的作品做出了有力的回答，从创立初期的作品：深圳现代国际大厦、徐州行政中心、合肥科园九溪江南、西安紫薇尚层，到近年的南宁融创九棠府、福州建发榕墅湾、重庆金茂樾千山、华侨城肇庆新城，一步一个脚印前进，坚持探索东方人居美学之路，在行业视角普遍聚焦于结合新技术和工业大规模生产时代的应用整合以降低建造成本的当下，建筑师所恪守和坚持的美学追求和人文关怀是现代中国建筑持续发展、进步的基本底线。

进入 2019 年，我们正站在高度发达的 5G 信息技术时代的历史节点和新的起点，大数据技术从收集、解析、模拟，到制定和优化城市空间策略，关于城市和建造的一切显得如此轻松和符合逻辑，仿佛人工智能可以完美解决所有的问题。传统建筑学所探讨的氛围、场所性之类的经验性概念，开始接受信息时代价值观念的挑战。因此，更需要我们去发现和定义的是万变之中的不变，建筑学的发展方向一直是并非线性的清晰，相比日新月异的科技，建筑的价值始终基于人类的情感和经验，之所以建筑还留有打动人心的力量，是因为它本身的人性温度以及它所记录、投射的不同时代印迹。在建筑发展史上，不管是赖特的草原住宅、有机建筑、美国式标准化住宅，还是柯布西耶的多米诺系统、马赛公寓、光辉城市、线性城市，均体现了现代主义建筑关于人居研究理论的创立、发展、进化和颠覆，而现代建筑大师们所高度关注的住宅设计，正在积极回应人类所孜孜不倦追求的更文明、更高级的社会和人居理想，再看看中国古往今来的所有大规模"集合住宅"，曾经普通的民间建筑，如北京胡同、安徽山村、江南古镇、客家土楼、广东碉楼，已经因其永恒的艺术价值和不可复制的珍贵，被纷纷列入了世界遗产或者国家历史保护文物的行列。中国建筑文化以其独特的价值观和个性诉求获得了世界的认同和关注，中国思想家哲学家老子的"有无"空间理论亦早被公认为是对空间认知的高度概括和提炼，在西方现代主义建筑和中国传统建筑理论共同影响下的中国现代人居研究，在一路批判与继承中砥砺前行。

随城市尺度的不断扩大，城市功能的日益多元发展影响，城市物质空间愈加错综复杂，符合现代人居需求的人性化空间呼唤新的定义和理念。如何在湾区时代的背景和语境下，建造这个被视作未来超级湾区的粤港澳大湾区，将给当代的中国建筑师们提出挑战的课题。在正式发布的《粤港澳大湾区发展规划纲要》里，首次提出了建设"宜居宜业宜游的优质生活圈"的要求。为了回应这个历史使命，开朴艺洲整理了多年来在人居建设方面的学术研究和实践探索，从广东小镇的旅游规划，一、二线城市的大规模居住、办公建筑及综合体，到太行山一隅的传统山村民居改造，从宜居、宜业、宜游三方面的人居营造都进行了系统的总结和梳理，且分享了对未来微小居住空间设想的初步探讨，期待与业界同仁共飨初步成果，望能借此书的出版抛砖引玉，引发对湾区人居营造的关注和讨论，一起为未来如火如荼的粤港澳大湾区建设贡献微薄之力。

在湾区时代，坚信每个微小个体如同汇入大江大海的一个水滴，用共同的梦想和努力推动滚滚潮流。

目　录

01

湾区解读
BAY AREA INTERPRETATION

02

湾区实践
BAY AREA PRACTICE

03

湾区现场
BAY AREA ON-SITE

04

湾区思考
BAY AREA THINKING

宜居营造

宜业营造

宜游营造

BAY AREA
INTERPRET

01

湾区解读

湾区时代的人居理想

ATION

湾区时代的人居理想

蔡明　方魏　韩嘉为　著

人类聚居学（Ekistics）理论的创立者——希腊建筑规划学家道萨迪亚斯（Constantinos Apostolos Doxiadis, 1913-1975）提出：人居环境（Human Settlement）的定义，是人类劳动、居住、游乐和交往的空间场所。人类聚居学作为一门专注于研究人类各种聚居形式，包括区域、城市、社区规划、居住空间设计的科学，涉及的相关领域五花八门，如地理学、生态学、人类心理学、人类学、文化、政治、甚至美学，通过全面系统的研究过程，去探讨人居发生、发展的客观规律。而在其理论的应用层面，理想的人居应是人居与其物理、社会文化环境和谐共生而达成的成果（achieving harmony between the inhabitants of a settlement and their physical and socio-cultural environments）。因此，笔者暂且把人居环境的实质定义解读为"人的物质性、社会性与精神性的存在"，本篇将从建筑师的角度，希望把人居作为立足点，找寻建筑的意义，拓展在未来湾区时代的可能性。

城市作为人类诸多聚居形式中最常见的基本形式和单元，它建设的目标就是使居住其中的人拥有健康的生活，并最终聚焦到日常的使用和生活细节，一切由居民的生产和生活的形式所决定。由联合国经济和社会事务部人口司编制的《2018年版世界城镇化展望》报告显示，目前世界上有55%的人口居住在城市地区，到2050年，这一比例预计将增加到68%。

势不可挡的城市化进程以及全球人口增长，使得各国的城市居民数量从1950年的7.51亿，激增到2018年的42亿。当前，无论在发达国家和发展中国家，在城市人口基数激增下，城市人居都普遍面临着一些共性的问题，如空间拥挤、基本服务经费不足、住房缺少、基础设施待完善等等。如何保证、提高城市人居质量的课题受到世界范围内极大的关注。

世界银行统计资料显示，全球60%的经济总量集中在入海口，75%的大城市、70%的工业资本和人口集中在距海岸100km以内的湾区。当世界八大豪宅湾区生活成为世界富豪追求的极高生活境界和目标的时候，"湾区"这个词汇因此而被沾上"金钱与智慧并得"的符号，追求宜居的湾区生活，是富裕阶层的生活梦想，更成为顶级配置意义的人居梦想。

道萨迪亚斯
希腊建筑规划学家
人类聚居学理论的创立者

纽约城市风景（图片来源：网络）

八大豪宅湾区

比弗利山庄
坐标：美国洛杉矶
洛杉矶临湾最有名的富人区
完善的生活配套
世界闻名的旅游景点之一

长岛
坐标：美国纽约州
特色鲜明的郊区富人区
环境非常优美，治安良好
城市与休闲生活的理想结合

东京湾
坐标：日本本州岛中东部
人工规划湾区富人区的典范
一直以制造业为主导产业
营造了国际一流的海湾生态圈

霍克湾
坐标：新西兰北岛东岸中部
以 ARTDECO 建筑风格享誉全球
海岸边上的豪宅数不胜数
散布着许多历史悠久的葡萄园

双水湾
坐标：澳大利亚悉尼东郊
KELTIE 海湾和 BLACKBURN 海湾
充满浓郁的地中海城镇的气息
环境优美、风光旖旎、生活质量高

Burau 湾
坐标：马来西亚兰卡威
全球达人竞相折腰的"贵族湾"
条件超一流的现代化酒店
各种特色风情的惬意度假村

Noosa 湾
坐标：澳大利亚布里斯班
有"艳阳之都"的美誉
世界顶级滨海休闲生活之地
街区式别墅，强调友邻关系的建立

浅水湾
坐标：香港岛南部
海湾呈新月形，号称"天下第一湾"
因香港最高档的住宅区而闻名于世
依山傍水的建筑，构成独特风景

经济高度发达的国际知名湾区包括：纽约湾区、旧金山湾区、东京湾区、伦敦港、悉尼湾区，其中前三的纽约湾区、旧金山湾区、东京湾区是极具代表性的世界三大湾区，产业呈现高端化特征，世界 500 强企业数量分别为 22 家、28 家和 60家，它们又被称为金融湾区、科技创新湾区、产业升级湾区。以下篇幅将对三大湾区的特点逐一梳理：

纽约湾区（金融湾区）： 亦称上纽约港或上湾，位于纽约州东南哈德逊河口，濒临大西洋。它由五个区组成：布朗克斯区（Bronx）、布鲁克林区（Brooklyn）、曼哈顿（Manhattan）、皇后区（Queens）、斯塔滕岛（Staten Island）。全市总面积1214.4km²。纽约还是联合国总部所在地，总部大厦坐落在曼哈顿岛东河河畔。纽约湾区又称世界"金融湾区"，世界金融核心中枢，每年创造 1.3 万亿美元产值，近半数产生于不足 1km² 的华尔街金融区内。持续的区域规划与管理机制，治理结构的自我纠错和改革等，在其中发挥了重要作用。作为世界湾区之首，世界金融的核心中枢以及国际航运中心，人口达到 6500 万，占美国总人口的 20%，城市化水平达到90% 以上，制造业产值占全美国的 30% 以上，是美国的经济中心。附近更是有纽约大学、哥伦比亚大学、康奈尔大学、耶鲁大学、普林斯顿大学等国际知名大学星罗棋布。

旧金山湾区（科技创新湾区）： 是美国加利福尼亚州北部的一个大旧金山湾区都会区，位于沙加缅度河（Sacarmento River）下游出海口的旧金山湾四周，由 9 县 101 个大小城市组成，核心城市包括旧金山半岛上的旧金山（San Francisco）、东部的奥克兰（Oakland）以及南部的圣荷塞（San Jose）等。旧金山湾区包括萨克拉门托河和圣华金河两条河流在旧金山湾交汇入海，萨克拉门托河自发源地流向西南，穿过加利福尼亚中央谷地北部，与圣华金河形成三角洲，拥有皮特河、番泽河、梅克劳德河等众多支流，连通美国内陆，使得湾区的开放和发展拥有广阔的腹地。旧金山湾区又称世界"科技创新湾区"，通过政府较少干预的区域社会治理机制，发挥科技巨头和高等院校的虹吸效应，形成全球科技创新中心，人均GDP 达到 8 万美元。旧金山湾区是高新技术研发基地，也是美国加利福尼亚州太平洋沿岸港口城市，是世界著名旅游胜地、加州人口第四大城市，临近世界著名高新技术产业区硅谷，是世界最重要的高新技术研发基地和美国西部最重要的金融中心，也是联合国的诞生地（1945 年《联合国宪章》）。

纽约湾区（图片来源：网络）

东京湾区（产业升级湾区）：位于日本关东的海湾，在日本本州岛关东平原南端。旧称江户湾。亦有狭义和广义之分，狭义的东京湾即是由三浦半岛观音崎及房总半岛富津岬所连成的直线以北的范围，面积约 922km²；广义的东京湾则包括浦贺水道，即由三浦半岛剑崎和房总半岛洲崎所连成的直线以北的范围，面积约 1320km²。东京湾区以东京为中心，以关东平原为腹地，人口 4383 万，是日本政治、经济和产业中心，也是世界知名的高端制造业走廊。东京湾区又称世界"产业升级湾区"，通过制定发展规划等实施总体管控。聚集了日本现代制造业的"精华"，在占国土面积 3% 的范围内，创造了全国 GDP 总量的 35%。它以房总、三浦两个半岛为两翼，拥有关东平原腹地，比邻太平洋，有鹤见川、江户川等多条内河连接腹地。湾区范围包括一都三县。镰仓时代的

东京湾已经成为对外交往的主要通道。1858 年，江户港、横滨港开始被迫对外开放。明治时代开始，进一步扩大对外开放，并不断吸收西方文明，东京湾区发展迅速。第二次世界大战开始之前，人口已经超过 600 万人，并肩纽约、伦敦等世界一流城市。

纽约湾区、旧金山湾区、东京湾区等，以开放性、创新性、宜居性和国际化为其最重要特征，具有开放的经济结构、高效的资源配置能力、强大的集聚外溢功能和发达的国际交往网络，发挥着引领创新、聚集辐射的核心功能，已成为带动全球经济发展的重要增长极和引领技术变革的领头羊。作为世界湾区的先行者，在这样的经济、科技、产业升级的背景下，三大湾区的人居环境是世界各大湾区学习的榜样和借鉴的对象。

东京湾区

美国杰出的城市规划专家凯文·林奇 Kevin Linch 曾在他的对现代规划最有影响力的著作《城市意象》一书中写到："一个可读的城市，它的街区、标志或是道路，应该容易辨认，进而组成一个完整的形态"。他认为，一座城市，无论景象多么普通都可以给人们带来欢乐，城市如同建筑，是一种空间的结构，只是尺度相对于建筑更加巨大，需要用更长的时间和过程去感知，在不同的条件下，不同的人群对于城市的认知和感受是不同的，但如果讨论聚焦到一个城市的可读性，一般可基于城市设计的五个要素，即："道路、边界、区域、节点、标志物"。 这是他花费了五年时间研究在城市穿梭的人群是如何解读和组织城市空间信息之后的重要总结。

道路： 城市意象中的主导元素，城市观察者习惯、偶然或是潜在的移动通道，特点包括：①可识别性：有足够个性的道路；②延续性：形成整体的道路系统；③方向性：区分道路的两个方向；④可度量性：令人能够确定自己在行程中的位置。

边界： 城市意象中（除道路以外）的线性要素，是自然的界和人工边际，使人形成文化心理界标。特点包括：①增加边界使用强度；②增加与城市结构的联系；③具有明确性和延续性；④具有一定的界定性。

区域： 城市意象的基本要素，城市中相对大的范围，有普遍意义的特征，产生场所效应，社会意义（社会阶层）对构造区域也十分重要。

节点： 城市意象的汇聚点和浓缩点，是城市结构空间及主要要素的联结点，有些是城市与区域的中心或者意义上的核心，特点包括：①可识别性；②与道路关系明确；③具备使用功能；④具有适宜的尺度。

标志物： 城市意象中的点状参照物，作为外部观察的参照，并具有唯一和单一性的简单物质元素。特点包括：①可强化与背景之间的对比；②可产生联想；③可组织标志群体。

以上城市设计的五要素是互相影响、互相联系的整体存在，节点组成区域，区域被边界限定了范围，区域间道路穿行连接，标志物在区域四周散布，互相强化或者弱化，互相呼应或者矛盾、有时甚至是破坏，城市意象其本身是连续的，一个元素发生的变化可能会引发其他元素的变化，从而从整体上改变城市总体意象。

反观世界三大湾区，其整体的城市面貌，也是由以上提到的城市意象五要素构成的，可以说正是不同的城市意象要素，构成了每个独具个性和辨识度的湾区景观。各大湾区基本上都是由一个或若干个核心城市带动湾区经济发展，如纽约湾区的纽约市，旧金山湾区的旧金山、奥克兰和圣何塞，东京湾区的东京、神奈川、琦玉和千叶。提起这些核心城市的代表景观，必然是有一些标志性的城市景观区域会首先浮现在大多数人的脑海：如纽约——中央公园、高线公园、哈德逊园区；旧金山——硅谷广场；东京——多摩广场、六本木新城。这些标志性的景观所产生的场所效应，以及它们对其他城市意象要素的影响，可以说是非常显著的。下面就来一览一些值得大湾区建设的学习和借鉴的标杆案例。

凯文·林奇《城市意象》

纽约中央公园：纽约湾区是建立在金融中心纽约向外辐射的基础之上；1914 年，巴拿马运河开通后，湾区正式进入大发展时代；第二次世界大战后，纽约湾区逐步进入工业化后期发展阶段；到 20 世纪七、八十年代，纽约金融保险等服务业快速兴起，促使纽约湾区朝向知识经济主导阶段演进。纽约湾以纽约为中心聚集了更多的城市，湾区具有优良的海港、便利的海运交通，通过水运可以快速通达湾区的各个经济腹地，而这种模式形成的原因主要是城市的建设与城市凝聚力、集聚力的建设，在纽约中央公园、高线公园、哈德逊园区就出现了很多极具吸引力的建筑与空间，这正是人们在这种生产生活高压情况下所需要的人居环境，由于纽约人口增长速度极快，很多人就去比较开放的空间居住，避开嘈杂及混乱的城市生活。美国的第一位景观建筑师唐宁大师就努力宣传纽约市需要一个公园、一个公共空间来给生活在此的人们足够的空间，来交流、释放工作压力，当中央公园建成后，就出现了新的变化，近年来纽约中央公园附近，出现的一些超高层公寓，俗称"筷子楼"，亦从侧面验证了中央公园作为城市公共开放空间，并随着城市人口增加、土地减少，而显得日趋重要，也正反映了人们对人居环境（即人与自然建立共生关系）的一种迫切的心理需求。

纽约中央公园建立于 1873 年，中央公园的建成为生活在这里的人们及人居环境带来了新的变革，可以称为"一公里生活圈"，以中央公园为原点、1km 为半径的圈内坐落着：华尔街、第五大道、帝国大厦、现代艺术博物馆。如果华盛顿的白宫代表着"政治"，那么纽约中央公园的 1km，则意味着"财富"，以及一系列衍生词："健康、权利、繁华、艺术"。

舒适、具有活力的人居环境是大量创新人才涌入的主要原因，并从而带动金融经济和创新科技的大规模可持续发展。

健康
快节奏的工作生活与休闲舒适的日常生活相互并存与融合

权利
帝国大厦被誉为"世界七大工程奇迹"之一，以及以"美国的金融中心"闻名于世的华尔街

繁华
纽约第五大道，大荧幕上出现频率最高的商业街

艺术
如 MOMA 纽约现代艺术博物馆、哈德逊园区巨型观景楼梯"vessel"，无不代表着艺术、创新、共享、人与建筑的融合

市民休憩空间

纽约高线公园：始建于 1930 年，高线公园是一个旧城保护与更新具有代表性的案例，它位于纽约曼哈顿中城西侧的线形空中花园。始建时是一条连接肉类加工区和三十四街的哈德逊港口的铁路货运专用线，在 1934—1980 年，曾是重要的"交通生命线"时期，后于 1980—1999 年功成身退，一度面临"拆与不拆"争议期间。在纽约 FHL（Friends of the High Line）组织的大力保护下，高线公园终于在争议声中存活下来，并建成今日独具特色的空中花园走廊，将原有高架铁路线和创新结合起来创造出的一条城市景观走廊，为纽约赢得了巨大的社会经济效益，成为国际设计和改造重建的典范。旧城保护与更新是城市永恒的话题，高线公园的成功落地离不开设计团队对文脉历史性的延续、对旧城创造性的利用、对人群参与的人性关怀、对人们乡愁情怀的一一回应。

城市沙滩浪漫感觉的椅子

漂浮在曼哈顿空中的绿毯

"植一筑"融合的策略将手指状的草地和混凝土铺装相融合

纽约哈德逊园区: 始建于 2012 年,位于纽约市曼哈顿的"心脏"地带,是曼哈顿唯一仅剩的一块可开发用地,占地达 10.5hm²,项目及周边配套设施、地铁线路改造等已被纽约市政府纳入重点市政工程项目,并且被国土安全局提升为"国家利益"优先等级。园区是满足气候变化、公共开放空间设计需要,符合可持续发展、人与自然和谐相处的城中城示范性园区。

纽约哈德逊园区(图片来源:网络)

哈德逊园区设计采用了全新的城市景观绿洲概念。数以百计的沉箱（地下混凝土支柱）支撑园区，并将其抬升至铁路系统之上。地下铁路产生的热量可达到150℃，园区内设置喷气动力式通风系统，利用地下铁路产生的热量，植被生长茂盛。通过复杂的分层系统，提供适当的通风和灌溉，园区内树木多达200多棵，植物多达2.8万棵甚至更多。

旧金山硅谷广场

旧金山硅谷广场：旧金山是高新技术研发基地，地处加州北部，是世界上最重要的高科技研发中心之一，拥有全美第二多的世界 500 强企业。包括谷歌、苹果、Facebook 等互联网巨头和特斯拉等企业全球总部。硅谷位于美国旧金山湾南端的狭长地带，是美国和全世界高新科技产业的象征。硅谷的规模，总面积超过 3800km²。核心地带南北长 48km，东西宽 16km，面积 800km²，人口达到 480 万人。入住的企业集中近 7000 多家高新技术公司，是美国微电子业的摇篮和创新基地。硅谷之所以成功，具有以下四要素：①品牌的集聚效应、政府对创新性技术的支持及金融资助，为硅谷的快速发展奠定了基础；②研究型大学与本地企业间联合起来，对技术人员进行教育与培训，使其成为硅谷持续发展的动力；③良好的生产、生活基础设施配套建设和环境是硅谷稳定发展的保障；④硅谷一直引领新型产业发展，从 1950—2010 年发展路线看，创意产业、生物科技和环保新能源产业成为近几年高速增长的新型产业。

东京多摩广场：东京湾区位于日本本州岛关东平原南端，以东京为中心，以关东平原为腹地，人口 4383 万，是日本政治、经济和产业中心，也是世界知名的高端制造业走廊。主要的工业区为京滨工业带向横滨市发展；京叶工业带向千叶县发展；鹿岛工业带向茨城发展；三大工业带以东京都为核心。多摩广场人口过密，产业聚集度过高，供不应求、地价飞涨，交通设计效率极致化，基础设施完善，住宅呈现多元化形态。湾区核心驱动主要是发展可消化东京人口外溢的卫星城市、交通便捷的大都市 TOD 新城、生态绿色的宜居新城、大东京的住宅价格洼地。宜居 TOD 新城是绿色低密度住宅区，能满足日常消费的社区商业中心、服务于东京的目的性消费中心，是工作、生活、娱乐、消费全功能新城、产学结合的教区商业中心。

东京六本木新城：总建筑面积 78 万 m²，历经 17 年完成建设，由美国捷得、KPF 等多家设计公司联合完成。它是一座集办公、住宅、商业设施、文化设施、酒店、豪华影院和广播中心为一身的建筑综合体；具有居住、工作、游玩、休憩、学习和创造等多项功能。六本木将大体量的高层建筑与宽阔的人行道、大量的露天空间交织在一起。建筑间与屋顶上大

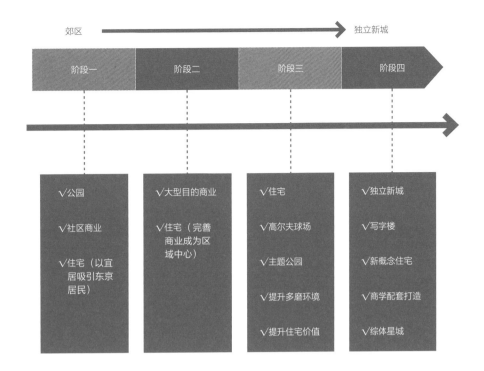

郊区 ───────────────► 独立新城

| 阶段一 | 阶段二 | 阶段三 | 阶段四 |

√公园

√社区商业

√住宅（以宜居吸引东京居民）

√大型目的商业

√住宅（完善商业成为区域中心）

√住宅

√高尔夫球场

√主题公园

√提升多磨环境

√提升住宅价值

√独立新城

√写字楼

√新概念住宅

√商学配套打造

√综体星城

面积的园林景观，在拥挤的东京都成为举足轻重的绿化空间，已经成为著名的旧城改造、城市综合体的代表项目。人居环境的主要特点是地区发展与都市整体规划相结合；保留水系和绿化，整合了公园和广场空间；规划的户外空间与都市之间融合与协调；利用地铁交通与公共交通，将地区商业活动与东京整体观光旅游相结合，将集聚效应、特色差异、多元科技、低碳生态、专享生态、专享平台、便利生活的特征充分融合其中。

东京六本木新城

以上三大湾区案例是国外的设计行业多年理论研究和实践之后形成的成果，可以说是世界人居环境的标杆，人居环境在现代文明建设中影响最为深远，当代建筑设计不可能满足每一个个体对理想空间的渴望，在人工智能时代高速发展的当今，使用者对于空间的能动性有了一个更高的要求，使用者本身审美素养的提高、编辑工具的便捷化，都让她们对于空间编辑的参与度有了大大的提升，而对于一座好的单体建筑来说应是内外兼修的，外部设计应是令人印象深刻的，在造型上是创新有活力的，在当今时代背景下，建筑成为能被人们使用的巨大艺术品之一，应具备美观与实用两方面的特征，在艺术的基础上更应注重使用者的需求，追求内部设计的舒适程度，所以设计师们应把更多的思考落脚于人与人、人与空间、个体空间与私密空间、共享空间之间的关系，塑造都市城市空间的邻里关系，对于建筑空间与形式的关系应该达到一定程度上的平衡。

而在世界三大湾区的发展和影响下，粤港澳大湾区建设的红利，正成为国家发展的新增长极。当前，粤港澳大湾区建设水平与世界湾区仍存在较大差距。湾区建设不仅要打破城市间的空间限制，更要打破体制障碍和行政区域限制，形成三地优势互补、资源有效配置、经济社会同步发展的跨区域发展新格局。

粤港澳大湾区（图片来源：网络）

2017 年 3 月，李克强总理在十二届全国人大五次会议上的《政府工作报告》中提出，"要推动内地与港澳深化合作，研究制定粤港澳大湾区城市群发展规划，发挥港澳独特优势，提升在国家经济发展和对外开放中的地位与功能。" 2017 年 7 月，在习近平主席的见证下，国家发展和改革委员会及粤港澳四方在港签署了《深化粤港澳合作 推进大湾区建设框架协议》，明确了合作宗旨、合作目标，五项合作原则、七大重点合作领域，并确定协调及实施的体制机制安排。这是粤港澳大湾区建设又一重大实质性行动，显示了大湾区城市群规划已经取得了十分重要的阶段性成果，标志着推进粤港澳大湾区国家战略部署上又迈出坚实的一步。粤港澳三地不仅具有悠久的合作历史和坚实的合作基础，其背靠大陆面向南海的地理位置和地处国际航线要冲、国际化的发展水平，也决定了它将是提升新时期中国在全球价值链中的地位战略选择和对接 "一带一路" 建设的重要支撑区。粤港澳大湾区发展不仅仅是解决区域资本和人力资源短缺危机、竞争压力加剧的问题，更是中央支持港澳融入国家发展大局，促进内地和港澳地区经济文化交流，实现共荣发展的深度回归途径，从地域上来讲港澳是中国不可分割的一部分，从经济上来讲，粤港澳则是我国经济全球化的中流砥柱之一。

粤港澳大湾区区域范围包括香港特别行政区、澳门特别行政区和广东省广州市、深圳市、珠海市、佛山市、惠州市、东莞市、中山市、江门市、肇庆市，总面积 5.6 万 km²，2017 年末总人口约 7000 万人，经济总量达 10 万亿元。

粤港澳大湾区目前经历了三大阶段，第一阶段（1978 — 2003 年）：以前店后厂为形式的制造业垂直分工；第二阶段（2004—2016 年）：以服务贸易自由化为核心产业横向整合；第三阶段（2017 年至今）：以湾区经济为载体共同参与国际中高端竞争。粤港澳大湾区首次提出于 2017 年 3 月 5 日的十二届全国人大五次会议，由李克强总理进行政府工作报告时明确提出 "支持港澳在泛珠三角区域合作中发挥重要作用，推动粤港澳大湾区和跨省区重大合作平台建设，要推动内地与港澳深化合作，研究制定粤港澳大湾区城市群发展规划，发挥港澳独特优势，提升在国家经济发展和对外开放中的地位与功能。我们对香港、澳门保持长期繁荣稳定始终充满信心。"

从《粤港澳大湾区发展规划纲要》（下文简称《纲要》）的角度看总体框架，主要是由一个目标：国际一流湾区和世界级城市群；两个阶段：第一阶段 2017—2022 年，建设阶段，基本形成国际一流湾区和世界级城市群框架；第二阶段 2022—

2035 年，发展阶段，全面建成宜居宜业宜游的国际一流湾区目标；三个层次：城市 / 城市群 / 泛珠三角；四大中心城市：香港、澳门、广州、深圳；四大意义：有利于丰富 "一国两制" 实践内涵，有利于贯彻落实新发展理念，有利于进一步深化改革，有利于推进 "一带一路" 建设；五大定位：充满活力的世界级城市群，具有全球影响力的国际科技创新中心，"一带一路" 建设的重要支撑，内地与港澳深度合作示范区，宜居宜业宜游的优质生活圈；六条原则：创新驱动，改革引领；协调发展，统筹兼顾；绿色发展，保护生态；开放合作，互利共赢；共享发展，改善民生；一国两制，依法办事。七大任务：建设国际科创中心；加快基础设施互联互通；构建现代产业体系；推进生态文明建设；建设优质生活圈；紧密参与 "一带一路" 建设；共建粤港澳合作发展平台。

大湾区城市一体化，"广州—深圳—香港—澳门" 是粤港澳大湾区四大中心城市，作为区域发展核心引擎，而广佛同城、深莞惠一体化、深汕合作、港珠澳的联通，都是围绕这个湾区展开。广州是华南地区中心拥有厚重的岭南文化；香港是世界金融中心之一，代表先进文明；深圳是中国金融科创中心，加之其民营、制造和高创能力突出，连接周边东莞、惠州、中山、江门湾区制造业等基地，将引领湾区硅谷起飞。

改革开放以来，特别是香港、澳门回归祖国后，粤港澳合作不断深化实化，粤港澳大湾区经济实力、区域竞争力显著增强，已具备建成国际一流湾区和世界级城市群的基础条件。在政府的大力推动下，经济实力的不断提高、高新技术人才的大量引进、创新驱动下科技水平的日新月异，打造未来的超级湾区将成为是粤港澳大湾区发展的远景目标。

粤港澳大湾区的发展离不开湾区的创新驱动，创新驱动是建立在一定的矛盾与冲突之下的，从马克思主义哲学辩证唯物主义角度讲，矛盾无处不在，无时不有，也正因为有矛盾的存在，要想突破矛盾与冲突，就必须另辟蹊径，也就是我们所说的创新。凡事都具有两面性，当正面碰撞行不通时，就从反面突破。而在我国确实存在这种矛盾，从粤港澳大湾区的提出，同时存在于不同地域间的不同政治、经济、人文间的矛盾，在不同制度的条件下，国家大力推动需要突破很多障碍，这样条件下的湾区其未来的竞争核心最终将会落脚在人才的竞争上，而最终决定高等教育人才大量涌入的前提就是好的的人居环境，相同地域背景下差异化的制度、发展轨迹、城市分工和社会背景由此相互激发，所产生的催化作用将异常巨大，观念的撞击决定了创新是发展的原动力。正如香港特别行政区前财政司司长梁锦松接受媒体采访所言：粤港澳大湾区综合了纽约、东京、旧金山三大湾区的功能：如纽约湾区是金融中心，香港也是国际金融中心；东京有先进的制造业，深莞惠也是全球最好的制造业平台；旧金山是科技湾区，而深圳是全世界最具创新能力的城市之一。由此，在创新驱动的时代，我们可以预见到，湾区优势叠加的未来粤港澳湾区发展无疑将释放更大潜力，而未来湾区的人居更加充满想象。

由于近年来城市建设高速发展，人口密度日益增大，以深圳为代表的一线城市呈现出居住空间紧张、房价急剧增高的特点，住房成本的水涨船高令新一代年轻人难以承受。因此，笔者开始探索更小更经济的住宅产品的可能。

另一方面，随着时代的发展和社会的进步，当代青年生活与上一辈相比有巨大的差异。当代青年更加强调个性化和独立性，因此产生了多种多样的生活方式，如"独居""宠物""丁克""周居""兄弟／闺蜜""独立空间"等等。未来家庭的组成单元越来越多元复杂，同时又强调一定的独立性。

现有的常规户型产品不能满足当代青年极小化、个性化的使用需求。因此，空间研究方面有必要研发更小更经济且更符合当代青年生活方式的微小空间居住产品，笔者尝试进行以下着眼于改善未来居住方式的有益探索。

众所周知，邻国日本在社会文化和经济发展上与我国有较多相似之处，其主要城市亦呈现出人口密度大、商品房单价高等特点。在类似的社会和时代背景下，一些日本建筑师已经

做了一些探索。现收集了两个有参考价值的案例成果，以供探讨。

案例 1 "地域社会圈"——共享社区 LOCAL COMMUNITY AREA PRINCIPLES—Sharing Community

设计：山本理显
"地域社会圈"的概念是基于日本社会现状，当下"老龄化""少子化"现象加剧，政府能提供的补助已到极限，居民在社区内部相互扶持已成为未来趋势。

以 500 多人作为一个生活单元，地域社会圈的住宅会尽量减少私有部分，增加共享部分。这一概念试图彻底改变私有和共享的关系，重新审视能源、交通、看护、护理、福利、地区经济在"一处住宅＝一家人"的前提下形成的关系，最终形成了"地域社会圈"的概念。

1. 公共餐厅、办公室，厨房、卫生间、淋浴房公用，淋浴空间扩大且数量充足。
2. 社区内相互扶持的居住模式，可独立居住、两人合住或更多人合住。
3. 能源自给自足。
笔者点评：这一社区生活模式的建立需要较强的公共约束力以保证社区内的生活秩序，未必适合中国国情。社区内互助的生活模式有一定探索价值，与中国过去的集体生活模式有一定相似之处，但出于自发的分享更有可持续性。

 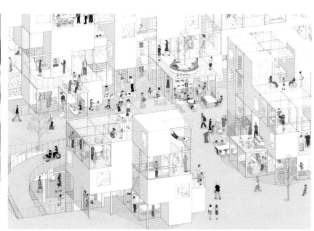

HOUSE VISION 探索家 1——家的未来 2013（图片来源：网络）

HOUSE VISION 探索家 1——家的未来 2013（图片来源：网络）

HOUSE VISION 探索家 1——家的未来 2013（图片来源：网络）

案例 2　编辑之家　EDITED HOUSE

设计：东京 R 不动产 马场正尊、林厚见、吉里裕也

"编辑之家"的概念是把"家"这一空间进行初始化，从零开始编辑。准备一个空无一物的空间骨架，让实际使用此空间的人根据自己需求营造自己的生活场景，亲身体验并亲手打造个人住宅空间。

1. 空无一物的房间骨架。

2. 提供"编辑工具箱"，在工具箱中选择配件，让居住者亲手创建符合自己需求的住宅。

3. 卧室控制到最小，增大客厅。

4. 设置可自由移动的单间，供一人独自使用，保持专注。

笔者点评：此模式需要向住户提供大量标准化家具，强大的室内配套支持十分必要。适合动手能力强、重视参与感、不怕麻烦的居住者。

HOUSE VISION 2013——编辑之家（图片来源：网络）

在当前社会环境下，作为从业多年的资深建筑师以及优秀的住宅建筑设计团队，开朴艺洲致力于探索与开发面向未来青年一代的住宅空间设计，面向特定人群（以深圳为代表的湾区一线城市 90 后青年），开发在当前社会背景下适应青年一代生活需求的居住单元，在其能够负担得起的情况下提供个性化的未来居住空间单元。

为了收集更多的辅助设计资料、了解当代青年对住宅户型的实际需求，设计团队以问卷调查的形式进行了一次调研。针对 33 岁以下青年，通过设置一些户型相关问题来尝试了解当代青年对住宅功能的不同需求，启发建筑师的创造性思维与灵感，使最终的设计成果更贴近青年使用者的实际需求，也为今后的户型设计提供更多的启发性思路。

本问卷共设 17 题，根据内容大致可分为以下三类：①关于被试（填写问卷的人）基本信息的调查；②关于现在以及未来家庭生活方式的探讨；③关于年轻人对现有住宅空间的使用偏好以及对于未来住宅空间功能的需求。

考虑到当代年轻人的特点和行为习惯，本问卷采用较为诙谐幽默的语言，融合了一些时下的流行元素，并最终以微信小程序的形式，以设计团队员工为核心经由微信朋友圈散发出去，历时 3 天，总共收集到 203 份有效问卷。

本问卷显示出的一些关于未来住宅的趋势对于本次户型设计竞赛以及未来的小户型住宅设计仍具有一些参考价值。

通过本次本卷调查可以看出，当代青年对于住宅空间的需求与现有的户型形式有一定的矛盾之处。其中，卧室成为年轻人最关注的功能空间，而客餐厅的功能则有所弱化，对传统中式厨房的需求仍然存在，对卫浴、阳台等空间的需求呈现出"实用＋高品质"的特点。此外，显而易见的是，青年一代对个性化生活空间的需求十分强烈，无论是宠物、游戏、健身还是影音空间，年轻人迫切地渴望在未来的住宅中为自己个性化的需求留有一定的空间。未来将是个性化的时代，未来的家庭生活模式也将是多种多样的，因此"满足个性化需求"将在今后的住宅户型设计中扮演越来越重要的角色。

由于本问卷主体结构尚不够严谨，加之被试对象没有采取分段随机抽样的方式筛选，而是以设计团队员工为核心，通过微信朋友圈传播，导致取样有一定随机性并有较大可能性集中在建筑设计行业。因此本次调研得出的结果较为粗糙，不足以作为严谨的学术依据，仍需更多深入的调查研究来分析来得出更深入更准确的结果。

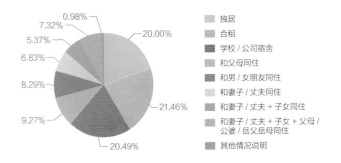

独居
合租
学校／公司宿舍
和父母同住
和男／女朋友同住
和妻子／丈夫同住
和妻子／丈夫＋子女同住
和妻子／丈夫＋子女＋父母／公婆／岳父岳母同住
其他情况说明

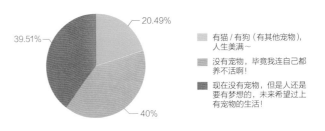

有猫／有狗（有其他宠物），人生美满～
没有宠物，毕竟我连自己都养不活啊！
现在没有宠物，但是人还是要有梦想的，未来希望过上有宠物的生活！

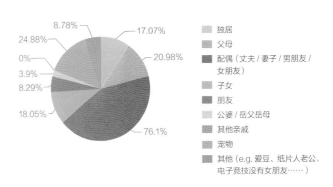

独居
父母
配偶（丈夫／妻子／男朋友／女朋友）
子女
朋友
公婆／岳父岳母
其他亲戚
宠物
其他（e.g. 爱豆、纸片人老公、电子竞技没有女朋友……）

问卷调查

结构形式一：小个性，大共性

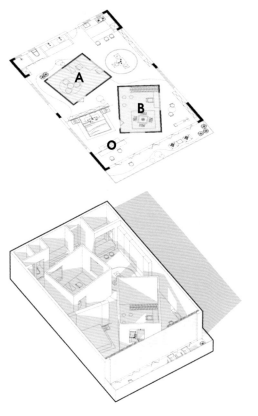

AB 空间为图，O 空间为底。在共同生活的基础上保持自己的兴趣空间。

结构形式二：大个性，小共性

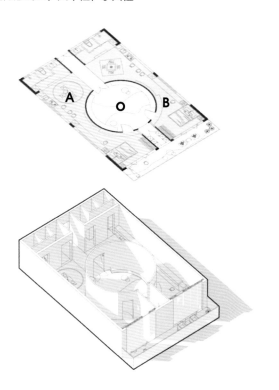

O 空间为图，AB 空间为底。在各自生活的基础上共享共性空间。

受本次调研的启发，开朴艺洲团队设计了第一版青年一代小户型概念方案：A 和 B 分别代表两位使用者的个性化空间，O 代表共同使用的功能空间。在此基础上设计了两种空间结构形式。

这一版户型空间概念设计主要考虑了未来小家庭模式下，男女主人分别拥有各自的个性化生活需求。户型空间不再围绕一家人围坐在电视机前的生活模式来进行设计，而是考虑到未来个人生活空间与家庭共享空间的结合。

开朴艺洲极小住宅概念深化及深化方案

随着对未来居住空间研究的深入和设计方案的深化，团队内部提出了进一步的未来居住空间概念：

家 = 基础功能模块 + 共享多用空间 + 独立个性空间
（理念关键词：无属性空间）
（细化设计方向：①整体空间尺寸设计，②基础功能集合模块设计与可选择，③个性化空间打造，④空间变化性）

团队将这一概念命名为：平米理想 – 未来家实验，即：
客厅 + 餐厅 + 厨房 + 卫生间 + 卧室 ≠ 未来家
集合模块 + 共享空间 + 个性空间 = 未来家

并在此基础上设计出了两大类四种空间模块：

将居住空间功能进一步划分为基础功能模块、共享多用空间、独立个性空间三种属性，打破现有户型空间划分，按照新的空间属性重新进行空间组织。

开朴艺洲极小住宅现阶段方案（概念方案 + 落地方案）

新一轮极小住宅概念设计在前一版基础上扩大研究范围，从城市层面深入思考，围绕"独立 + 个性化"，提出"个体在崛起，家庭将消融"的未来趋势，在此趋势里，个人取代家庭团体成为城市的最小单元，未来家与城市的边界将重构。隐私、界限、共享、住宅的黑白灰空间成为建筑师的新课题。故而我们试图通过一种重叠状态的空间体验展示个体与外界边界关系的变化可能，借而引发更为广泛的关于未来家的思考和讨论。

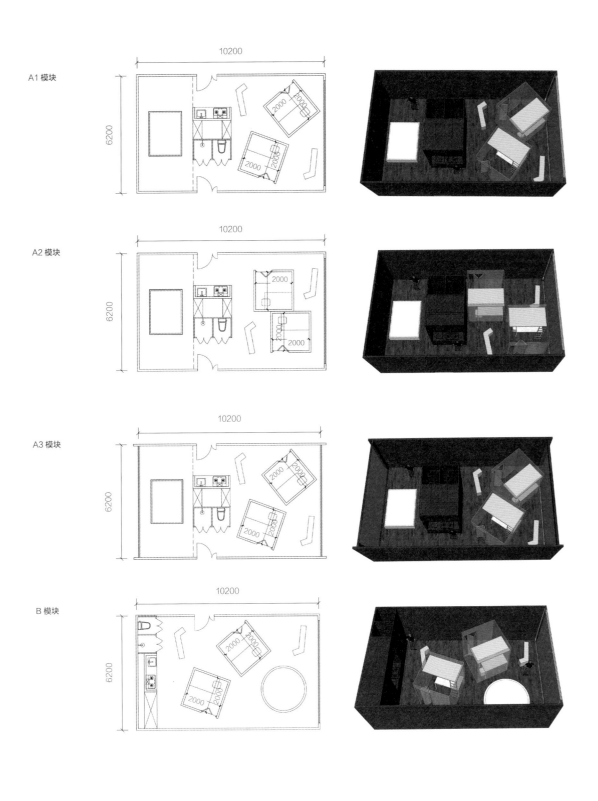

A1 模块

10200

6200

2000 2000

2000

2000 2000

A2 模块

10200

6200

2000

2000

A3 模块

10200

6200

2000 2000

2000 2000

B 模块

10200

6200

2000 2000

2000 2000

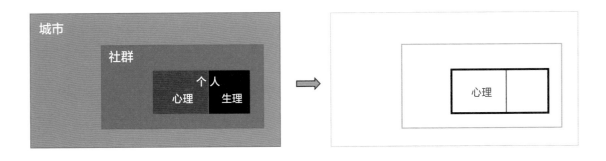

城市

社群

个人

心理 生理

心理

将不同边界抽象为不同透明度的空间，给概念以表达形式，在不同的透明度空间里体验不同的私密感。

该概念装置用可移动、透明度可变的光电玻璃代替传统户型中的隔墙，通过"隔墙"位置的移动和透明度的变化，营造不同私密感的空间体验，模拟和探索不同家庭、不同人、不同情形下，家庭与个人、家庭与城市的边界关系。

基于与概念装置同样的空间理念，开朴艺洲团队根据当前实际条件进一步设计了一版落地户型方案，未来经过深化设计后将用于户型产品开发。此方案中，整个户型以一个完整矩形盒子的形式呈现，其中集合模块（即厨卫等功能空间）占据矩形的一边，余下的空间仍然是一个较小的矩形，在这个空间中设置一个更小的矩形小盒子，用于解决个人的基本空间需求（如睡眠、阅读等），余下的空间作为家庭共享空间使用。

未来开朴艺洲团队将根据当前方案进行深化设计，深入研究当代青年对生活边界的理解，对私密空间的需求，对未来家庭、城市空间生活模式的构想。在此基础上，对未来个人、家庭、城市模式进行合理推演，针对湾区大环境下的人居空间进行基本居住单元的深化设计。

此外，也将通过收集资料、调研讨论、方案设计等方式，对未来理想家概念社区生活方式进行探讨。构想和尝试创建本土化的互助社区，探讨和研究社区内公共空间与私密空间的划分，将未来居住空间的理念推广融入更大范围的人居空间设计中。

集合模块 + 共享空间 + 个性空间 = 未来家

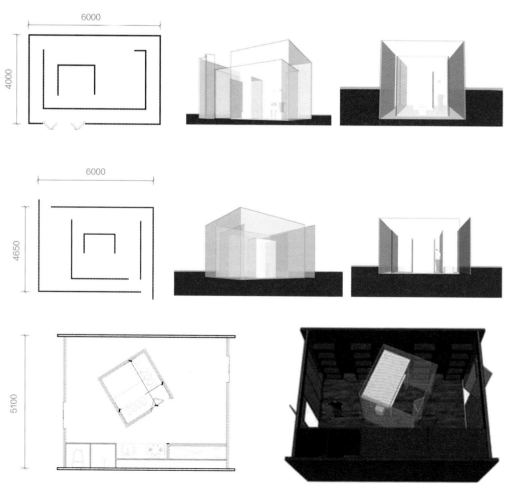

在不同的边界里应有不同的空间体验

习近平总书记曾指出"一个时代有一个时代的问题，一代人有一代人的使命。"中国的城乡发展和人居环境建设虽然已历经万水千山，但仍需继续披荆斩棘。我国正处在实现"两个一百年"奋斗目标的历史交汇期，第一个百年目标要实现，第二个百年奋斗目标要开篇。而"城市，让生活更美好"的目标，也成为广大人民群众关注的重点问题，对于城市设计，建筑是城市中的一个小单元，也正是人们生活在城市中所不可或缺的部分。

近年来，人居环境在居民生活中的影响越来越大，在经济高速发展的今天，居民的生活消费水平达到一个比较高的层次。生活水平提高了，对生活条件和生活质量的要求也就增加了，人们对居住环境也相应提出了更高的需求，这就需要升级原有的住宅设计方案。在质量、设计、个性和共享空间等方面都需要重新思考，怎样才能给人们带来更多的舒适感，所以当今的人居环境就备受关注，而无论是从宏观的城市设计角度来讲，还是从微观的建筑设计来讲，关注点的核心都在于人与人、人与建筑、人与城市、人与自然关系的问题。

建筑师的思考必须要回应时代的思考和痛点。在粤港澳大湾区城市群概念提出的那一刻，注定粤港澳大湾区城市群高速发展的必然，而引进大量的创新人才动作也奠定了未来湾区人居环境的嬗变，所以将会看到多样化、多结构、新模式的湾区居住环境诞生。要如何协调在高效带来高压的工作模式下，使人们仍能拥有可休息放松的居住空间也成为我们建筑师当下应该沉淀思考的问题。我们的思考归根结底最终还是要回归人群本身，在开朴艺洲团队的共同努力下，通过湾区项目中大量的设计与实践中，我们做出了一些属于我们自己思考的成果，以上所述的公司案例和竞赛作品也仅呈现了我们对于人居环境需求的一种阶段性的思考，我们认为，未来将是个性化的时代，未来的家庭生活模式也将是多种多样的，因此"满足个性化需求"将在今后的住宅户型设计中扮演越来越重要的角色。是"集合模块 + 共享空间 + 个性空间 = 未来家"也好，或亦是一种极简的模式"简—间—门—日"也好。总而言之，是对人居住在其中一种舒适度的思考和一种真实的体验，通过调研问卷的方式也正是要密切呼应回答现代人们的实际需求，在设计中尽可能满足人们心理和生理所需的释放空间，从而降低建造成本，希望创造一种可实现的、经济实惠的未来房屋居住模块。

随着时代的发展和文明的进步，人们对人居环境需求在不断提高，这就需要建筑设计师们借助更先进的科技成果作为手段，结合建筑空间的更多认知，以更为有效地规划住区、改善人居环境，并且结合生态环境和自然条件，把握地域性和人文性的特点，设计出适宜湾区居民、更具未来视野的住宅，让未来的建筑更具活力，即使在快速进化、快速淘汰的时代，建筑本身也可以有自我修复和自我完善的能力，创造出一种具有"可持续发展"特性的建筑。但愿设计行业的同业同行们，一起共同努力，不断探索明日的居住，建设更美好的理想家园。

人居建筑（图片来源：网络）

BAY AREA
PRACTICE

02

湾区实践

宜居营造
宜业营造
宜游营造

宜居营造

深圳中粮天悦壹号
Shenzhen COFCO One Majesty

Location: 深圳
Design: 2013
Floor Area: 218097m²
Site Area: 26396.80m²
FAR: 6.39
Height: 136m
Service: 方案设计 + 施工图设计

Awards:
2014 年　全国人居经典规划金奖
2016 年　第三届深圳市建筑工程施工图编制质量
　　　　住宅类银奖 / 建筑专业奖 / 公建类铜奖
2018 年　第十八届深圳市优秀工程勘察设计奖公
　　　　建类 / 住宅类 / 结构专项三等奖
2019 年　第五届深圳建筑设计奖已建成类三等奖

项目属于高容积率、高密度、多种公建配套的旧改更新项目。基地西侧的新圳河和沿岸的 20m 公共绿化带是主要的外部景观空间，在规划设计中，通过 S 形的建筑占位和巧妙的建筑转向设计，化解了基地南北向长、东西向宽度不足带来的建筑外向视野受限的影响，打造出流动的内外部空间，使小区的内外部景观相互渗透，让每栋建筑都具有良好的通透性和视觉通达性。

项目采用美式建筑风格，以现代的手法还原古典的比例，"中粮红"等材质和色彩体现独特的现代气质，通过加强竖向线条和顶部退台式的处理突出超高层建筑的挺拔感，让建筑具备古典与现代的双重审美效果。

总平面图　　　　　　　　Ｎ ⊕　0 20 50　100m

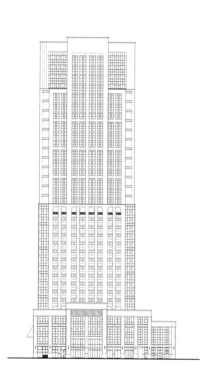

赣州中海滨江壹号
Ganzhou COLI One Riverside Park

Location: 赣州
Design: 2017
Floor Area: 196942m²
Site Area: 64581.70m²
FAR: 2.50
Service: 方案设计 + 施工图设计

Awards:
2020 年　第十五届金盘奖皖赣赛区最佳住宅第一名

项目位于赣州市章贡新区中心地段，西侧紧邻章江，坐拥一线江景，江景资源最大化成为设计的重点。规划设计采用 U 形围合格局，将高层塔楼放置于东、北、西侧，将洋房及叠拼单元放置于地块中心及南侧，形成开敞式布局，丰富了城市天际线，同时以开放的形态呼应南侧城市绿地。立面采用大都会建筑风格，营造尊贵大气的整体风格，而竖向挺拔线条结合顶部退台处理，产生丰富多变的立面效果。

总平面图　　　　N　0　20　50　　100m

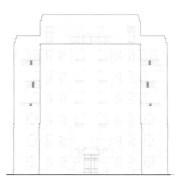
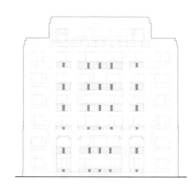

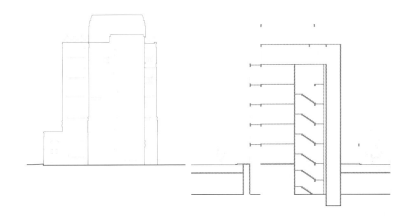

南宁融创九棠府
Nanning SUNAC Crabapple Mansion

Location: 南宁
Design: 2016
Floor Area: 456595m²
Site Area: 97276m²
FAR: 3.50
Service: 方案设计 + 施工图设计
Partner: 上海大椽建筑设计事务所

Awards:
2017 年　人居生态建筑规划设计方案评选年度优秀建筑设计奖
2018 年　第四届深圳建筑设计奖施工图金奖

项目是融创"九府系"产品在全国的开山之作。它以休闲生态居住为主，集商业配套于一体的高端生态居住区，意在打造绿色、低碳的中国现代社区生活的典范。规划设计总体为"全高层点板结合贴边式"布局，整体南低北高，追求形成完整规划形态和双中心花园的空间效果，同时呼应了五象片区山势的起伏变化。

建筑造型以简约的设计手法为基础，灵活地提炼简化、综合运用传统中式符号，设计出舒展大气的立面效果，呈现出特点鲜明、个性突出的建筑形象，打造具有独特东方气质的文化府邸。这亦是探究在极具时代感的建筑形式中，如何创造出继承地域传统文化的建筑语言。

总平面图

N 0　20　50　100m

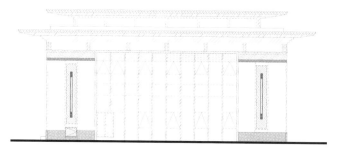

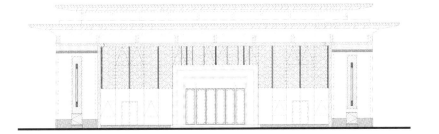

融创·九棠府

重庆金茂樾千山

Chongqing Jinmao Surpass Mansion

Location: 重庆
Design: 2016
Floor Area: 270000m²
Site Area: 95788.90m²
FAR: 2.00
Service: 方案设计

项目为金茂集团在重庆打造的"悦"系高端项目，位于两江新区礼嘉组团，属重庆第二次向北发展的桥头堡，城市发展重点新兴区域，位置优越，但复杂的山地条件和设计条件等也给项目带来诸多挑战。

在设计过程中，我们充分尊重原始地形地貌，依山就势，在南北高差近40m的情况下，通过台地的处理形式，形成了北高南低、逐级跌落的规划形式，北区（高区）大平层，南区（低区）洋房。同时，延续了金茂府中央景观轴线的设计手法，通过中央轴线将南北区进行拉结，形成完整而统一的设计。在组团空间设计上融入"苑""园""院"的概念，使内部小尺度空间更加灵动。项目延续了金茂集团一贯的气质，同时展现了山城建筑独有的韵味。

总平面图

N 0 10 30 60m

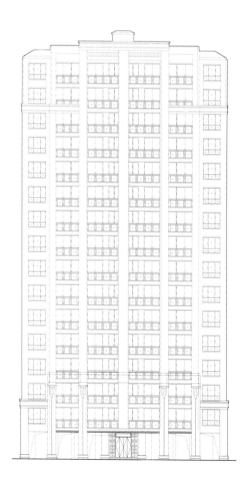

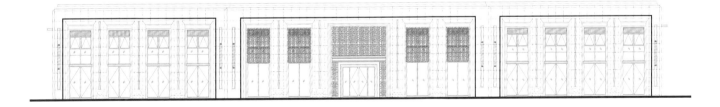

福州建发榕墅湾
Fuzhou C&D Orientbay

Location: 福州
Design: 2017
Floor Area: 118280m²
Site Area: 64890m²
FAR: 1.82
Service: 方案设计

Awards:
2018 年　第四届深圳建筑设计奖铜奖
2020 年　CREAWARD 地产设计大奖优秀奖
　　　　　美尚奖·人文气质豪宅

项目设计秉持保护原始风貌，最大程度还原高效集约的土地开发宗旨。本案原始用地存在 30 多米的竖向高差，设计时将新中式豪宅与原始地形充分结合，以景观主轴设计为主线，形成"一轴、四区、多组团"的规划骨架，建筑组群依照产品属性、地形坡向、组合关系的不同有序布局，形成清晰的脉络和自然的肌理。

产品设计以复式小高层为龙头，双拼别墅组团为核心，通过逐次叠落的空间主轴和景观步道，与坐落在城市主干道交汇处的社区会所首尾呼应，形成可供居民漫步的阶梯小径。潺潺溪水沿山势蜿蜒，两侧建筑层叠起伏，构成情景化的山地社区体验。"虽是人为，宛如天成"的设计理念融入其中，将每一个建筑节点、挡土墙、住宅院墙也做到丝丝入扣，细节生动。

总平面图

N　0　20　50　100m

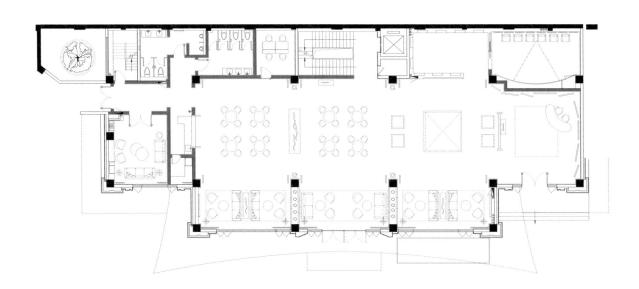

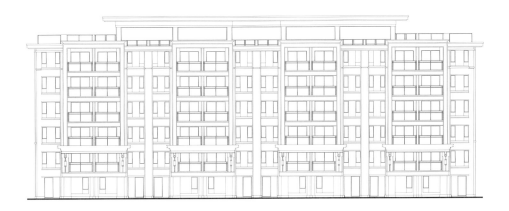

南宁建发鼎华北大珑廷
Nanning C&D Dinghua Beida Longting

Location: 南宁
Design: 2019
Floor Area: 398413.17m²
Site Area: 58426.29m²
FAR: 5.20
Service：方案设计

项目规划因地制宜，充分考虑与周边现状建筑的关系，与地形融为一体。项目功能包含居住、商业、公寓式办公、幼儿园，旨在打造复合一体化的高品质社区。建筑的布局形式充分考虑周边日照因素，以周边日照条件为导向进行方案推导，满足周边及项目本身的日照要求。

公寓式办公塔楼和沿街商业紧邻城市道路布置，充分利用城市展示面。150m 高层设置在北大路转角位置，形成区域地标，提高项目的标识性和品牌性。

建筑立面采用现代中式建筑风格，整体寓意以礼制尊崇，以质感营造至上体验 。在细节元素中跳脱出传统的中式纹样，将传统文化符号中进行了抽离和美学演绎，形成了庄重、简洁的设计细节。整体立面分头部、墙身、基座三部分，比例稳重大气，尺度彰显生活品位，同时充分考虑城市道路及周边建筑观赏本项目的视觉效果。既表达了建筑的人文意味，又融入了创新的时代设计元素。

总平面图

N   0 15 30   60m

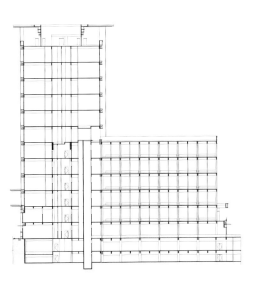

深圳鸿荣源尚峻
Shenzhen HOROY Top Mansion

Location: 深圳
Design: 2015
Floor Area: 251968m²
Site Area: 36088m²
FAR: 4.90
Height: 150m
Service：方案设计 + 施工图设计

Awards:
2016 年　人居生态国际建筑规划设计建筑金奖

项目为超高容积率、超高密度下的设计，最重要的问题就是厘清用地的价值判断，做到产品与规划的协调。项目通过设置贯穿用地的车行通道，有效规避了公交首末站的干扰，形成动静不同的两个分区，提升了居住社区的品质。户型以经济居家型产品为主，重点关注实用率的提升和空间的舒适度，为每户创造良好的景观资源和采光通风环境，同时提升公共空间和入户空间品质，营造宜人的邻里交流氛围。建筑造型凸显 150m 超高层的优势，对功能元素加以提炼简化并进行归纳演绎，强调竖向线条的贯穿和大块面的材质对比，而顶部纯净的玻璃体造型在灯光的烘托下成为建筑的点睛之笔。

总平面图

N　0　20　50　100m

深圳宝安阳光华艺 37 区

Shenzhen Bao'an Yangguang Huayi District 37

Location: 深圳
Design: 2019
Floor Area: 863700m²
Site Area: 94495.60m²
FAR: 6.39
Service：城市设计

项目位于宝安老城区和新中心区的结合部，毗邻前海。同时又是宝安的门户地段，作为城市发展重点区域，区位位置优越。规划采用多地块联动设计，结合街区式商业，整体打造立体式社区系统。住宅与办公、公寓塔楼分区设计，东侧设办公公寓塔楼形成双塔。立面采用现代风格设计手法，结合标志性塔楼的设计，打造出整体、大气的豪宅大盘气势，形成标志性的宝安门户形象。

总平面图

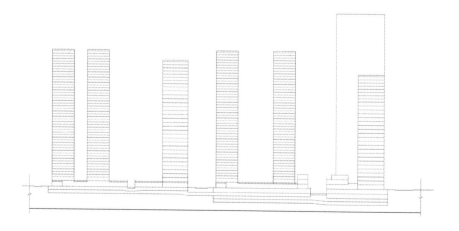

深圳大唐光明荔园项目
Shenzhen Datang Guangming Liyuan Project

Location: 深圳
Design: 2019
Floor Area: 282460m²
Site Area: 34425m²
FAR: 6.40
Service：方案设计

项目位于深圳市光明区中心地段，北侧紧邻荔狮公园与科学公园，与最近的"光明城"地铁站仅 300m 距离。

项目分为两个地块，大地块规划设计采用 U 形围合格局，将高层塔楼放置于东、北、西侧，形成南向开敞式的布局，与小地块的塔楼整体形成 S 形的城市空间形态。立面采用现代中式建筑风格，吸取古典建筑"三位一体"的设计逻辑，营造出具有现代中式建筑——庄严、尊贵、大气的立面风格。

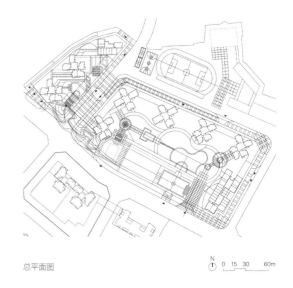

总平面图

N 0 15 30 60m

负阴而抱阳，冲气以为和
"一点、两轴、两片区"顺形而成山石环抱之势

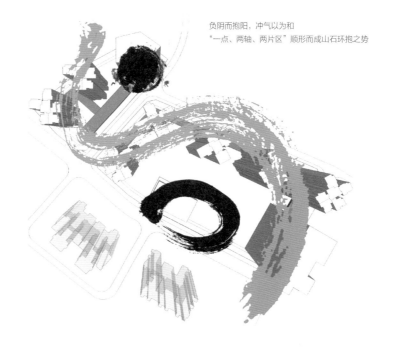

广州阳光城檀悦花园
Guangzhou Yango Tanyue Garden

Location: 广州
Design: 2018
Floor Area: 422160m²
Site Area: 96503m²
FAR: 4.38
Service: 施工图设计
Partner: 汇张思建筑设计咨询（上海）有限公司

项目位于广州市天河区，东靠华南理工大学南校区，南接华南理工大学北校区。遵循场地特性，保留现状地形的完整性，采用顺应自然肌理的设计手法，使建筑空间与周边环境相得益彰。住区规划充分考虑所在地域的文化内涵，力求打造一个具有学府气息的人文住宅，在建筑规划中充分表现人文脉络，建筑造型及细部也有意识地融入岭南传统文化符号。简洁有力的横向线条及现代化的玻璃立面，配以具有岭南风格的建筑细部处理，整体以白色石材为主基调，门窗、栏杆、檐等细部使用稍深的色调，简洁、淡雅、明快，力求呈现一个现代而又富有岭南意象的建筑形象。

总平面图　　　　　　　　N　0 20 50　100m

合肥科园九溪江南
Hefei Keyuan Nine Brooks Jiangnan

Location: 合肥
Design: 2004
Floor Area: 220086m²
Site Area: 137554m²
FAR: 1.60
Service: 方案设计

Awards:
2006 年　百年建筑优秀作品奖

本项目住宅类型多样，依据新都市主义的开发思路，注重各种类型住宅邻里单元的设置，划分为四个住宅组团、一个社区中心区和一个酒店区。在现状水塘的基础上设计中心水体，围绕中心水体景观价值的变化创造出低密度向高密度渐次展开的布局方式。在社区中心区设计新江南主题的共享园林，在中心水体设计生态共享核，在各组团设计组团中心。

总平面图

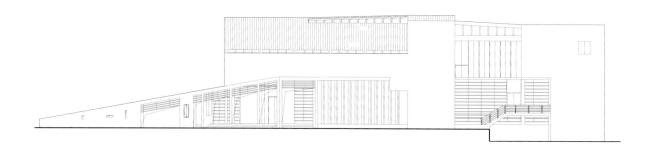

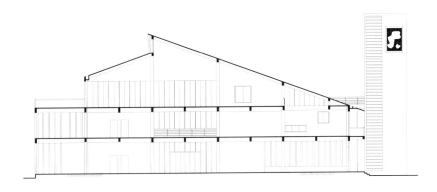

宜昌鸿泰天域水岸
Yichang HONGTAI Coastal Horizon

Location: 宜昌
Design: 2013
Floor Area: 96451m²
Site Area: 19727m²
FAR: 3.50
Service: 方案设计 + 施工图设计

Awards:
2016 年　人居生态国际建筑规划设计建筑金奖
　　　　　第三届深圳市建筑工程施工图编制质量住宅
　　　　　类铜奖 / 结构专业奖
2018 年　深圳市优秀工程勘察设计奖住宅类一等奖
2019 年　广东省优秀工程勘察设计奖住宅类二等奖

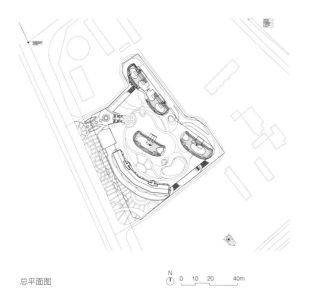

总平面图

N 0 10 20   40m

项目位于湖北省宜昌市伍家区，坐拥长江之滨得天独厚的江景资源，整体由多层商务办公楼和三栋 120m 高层住宅组成。办公楼沿滨江大道线性展开，通过形体转折扩展临街商业面，形成商业广场；三栋高层住宅前后错落布置，尽享一线江景和小区内部花园景观。

建筑造型以柔和的横向线条为主要元素，利用凸凹变化的阳台轮廓形成丰富的光影层次，同时借助表皮处理的虚实对比关系，呈现富有韵律感的线条组合，个性鲜明的立面形象成为城市临江界面上独特的标志性建筑。

商务办公楼的造型设计与住宅设计风格相近，具有鲜明的现代建筑韵味。其中，三层独立体量以玻璃幕墙为主，独特的钻石造型光彩夺目。其临江面设计为流线型大阳台，长江美景一览无余。材质主要采用通透的玻璃与铝材，现代时尚，具有展示性，并与绿化、休闲座椅相结合，追求人性化尺度，结合入口开放空间与道路局部广场设计，为社区创造一道独特的风景线。

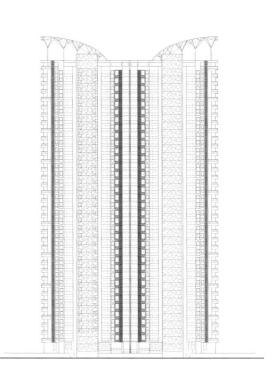

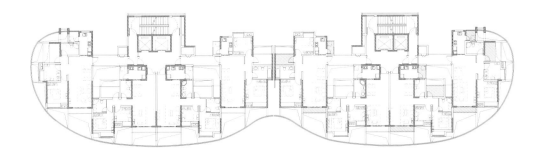

宜业营造

深圳宝安 25 区城市更新单元
Shenzhen Bao'an District 25 Urban Renewal Unit

Location: 深圳
Design: 2017
Floor Area: 785000m²
Site Area: 106344m²
FAR: 7.38
Height: 169m
Service: 方案设计 + 施工图设计

城市更新已然成为深圳城市空间资源拓展的主要方式，以提升城市活力为首要目标的城市更新，对区域整体设计及城市融入提出了更大的挑战。

宝安 25 区更新项目作为推动宝安老中心城区的老旧商业区向高端商务商业区功能转换的支点项目，面临多业主主体、分期分批建设等矛盾。该项目是宝安区第一个在专项规划完成后，通过整体设计来衔接城市设计和各地块建筑设计的大区类城市更新项目。

在整体设计上，设计师提出了"连里"的概念，以大悦城为核心，不同开发主体的四个组团为邻里，通过一条贯穿整个更新单元的空中连廊系统，实现了各组团之间、区域与城市之间的联系和相互融入。

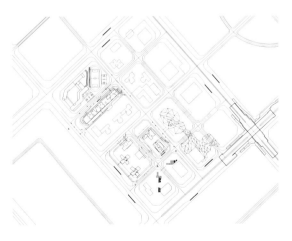

总平面图

N 0 20 50 100m

以街角公园和裙房屋顶平台结合慢行系统打造公共活动空间。

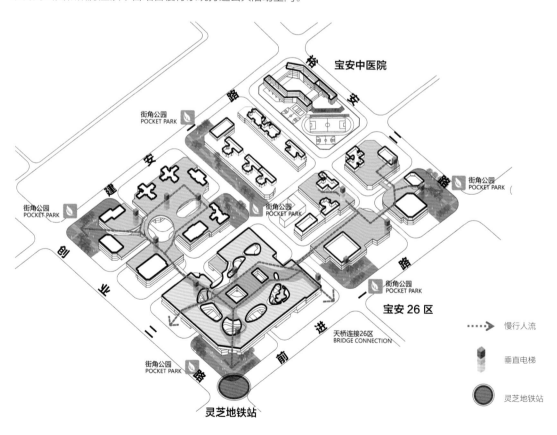

通过连廊与垂直交通连接各地块，打造立体慢行系统。

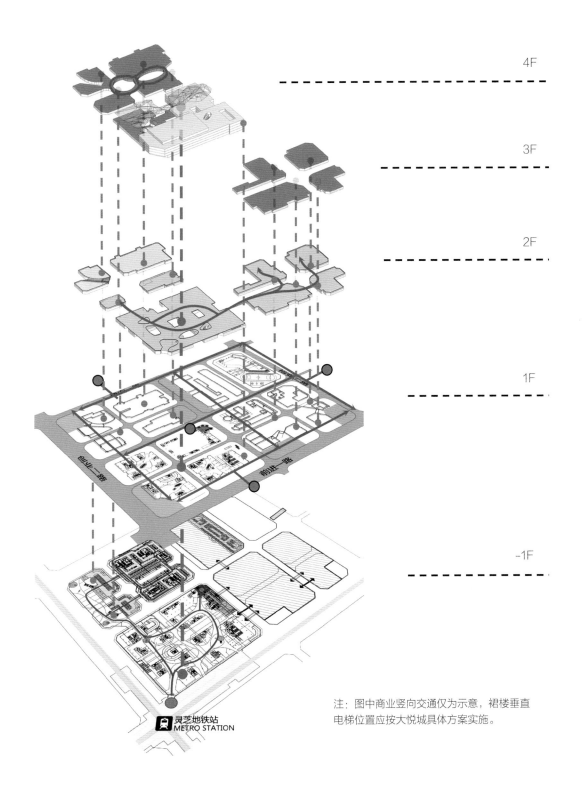

4F

3F

2F

1F

-1F

灵芝地铁站
METRO STATION

注：图中商业竖向交通仅为示意，裙楼垂直
电梯位置应按大悦城具体方案实施。

深圳大悦城天玺壹号
Shenzhen Joy City One Majesty

Awards:
2017 年　第三届深圳建筑创作奖未建成项目二等奖
　　　　人居生态建筑规划设计方案评选年度优秀建筑设计奖

一期规划遵循"整体街区"的开发理念，延续整个更新单元规划的城市设计肌理，注重城市天际线的设计。将一期地块与周边待建地块统一规划，通过调整点式超高层为主的塔楼站位，共同形成东南朝向打开的 U 形空间布局，打造组团共享的屋顶花园，形成了丰富的内外部空间和开阔的外向景观视野。

深圳万科中电兴业项目
Shenzhen VANKE CEC Xingye Project

项目遵循整体设计和区域建筑设计一体化的要求，从城市空间肌理出发，组团内采用点、板式布局，三个地块共同形成围合式规划布局；组团外协调公众利益和业主利益，以地铁站、大悦城、街角公园等人流聚集点为起点，同时结合 25 区规划整体商业氛围，在裙楼屋顶通过塔楼架空和空中连廊系统，营造街坊邻里生活氛围，融入城市立体慢行交通和景观系统，创建立体开放式的综合社区。

深圳华侨城渔人码头
Shenzhen OCT Fisherman's Wharf

Location: 深圳
Design: 2018
Floor Area: 176990m²
Site Area: 29585.60m²
FAR: 7.00
Height: 250m
Service: 产品深化设计
Partner: 德国 gmp 建筑师事务所

Awards:
2018 年　第四届深圳建筑设计奖银奖

项目位于历史与现代相互交融的蛇口片区，为南山区蛇口街道重点工程，设计建设集滨海休闲、精品酒店、特色商业、办公、公寓于一体的滨海商业综合体。整体由一栋250m办公塔楼、两栋150m公寓塔楼与商业裙楼共同组成。

作为城市更新项目，改建原则是重归自然，设计灵感来源于深圳绵长的海岸线上火山岩被海水冲击而成的生动形态。矩形的高层塔楼保证最大的楼间距，从而打造了良好的面向街区内部景观、视线通廊和大海的视野；裙房设计摈弃了传统的大体量，采用立方体结构，如聚集的村落。广场、道路和建筑体量相互交织，提供了新颖的空间感受，楼梯和露台环绕中庭，形成一个都市舞台，访客可以在此休憩，欣赏海景，或在更高楼层购物。未来这里将成为一个城市建筑、绿地景观和社区生活完美结合的都市舞台。

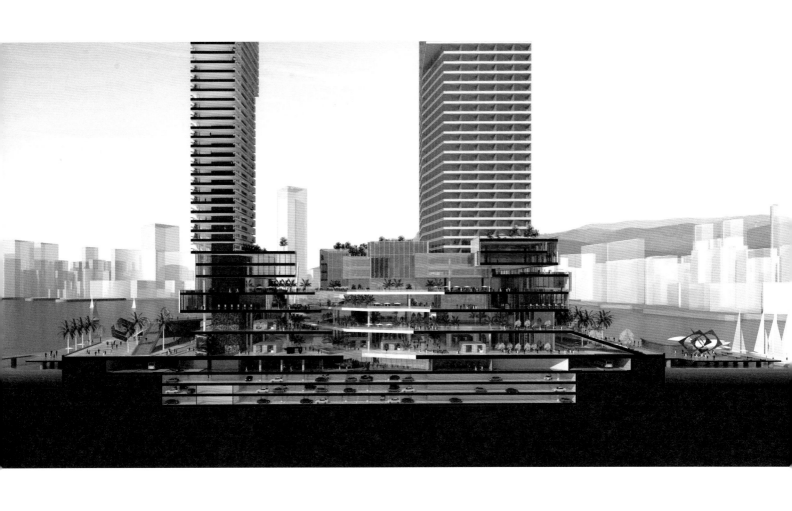

海口华侨城曦海岸一期
Haikou OCT Sunrise Coastal Phase I

Location: 海口
Design: 2019
Floor Area: 255669.55m²
Site Area: 79629.57m²
FAR: 2.45
Service: 规划设计

整体规划的形态其灵感来自于鱼形的构图。流畅的弧形空间如同鱼身，景观核心区域如同鱼眼，成为规划的点睛之处。因需要，建筑群体成错落关系，我们在设计时让建筑呈现"层峦叠嶂"的城市天际线，让建筑回归自然的建造，让家庭生活回归内心所向。

规划注重华侨城一贯对高品质景观资源与人性化关怀的不懈追求，最大化的楼间距，最大化的景观花园尺度为居住者提供了一个"到处皆诗境，随时有物华"的生活体验。从设计的角度思考，我们也希望能在整个规划的空间关系上寻求一种"更舒适、更宜人，更贴近"华侨城价值理念的状态。

沿南北向规划路顺势布置，使中心景观资源最大化，开放的街区环境，使项目整体与周边地形有机融合，打造华侨城在海口的城市标杆。

总平面图

海口华侨城曦海岸西区商业项目
Haikou OCT Sunrise Coastal West Commercial Project

Location: 海口
Design: 2019
Floor Area: 133819m²
Site Area: 25844m²
FAR: 3.00
Service: 施工图设计
Partner: 美国 MZA 建筑设计有限公司

项目位于海南省海口市西海岸南片区，东北侧为五源河文化中心体育场，东侧紧邻的长滨路为贯穿南北主干道，交通便利，周边公园、医院、学校、商业、休闲等各类配套齐全。

项目定位为特色主题商业街综合体，涵盖商业、儿童活动中心、水族馆、美术馆、卡丁车道等多种复杂业态。建筑风格现代时尚，立面造型极具视觉冲击力和地标性，细部适度融合南洋风情与现代质感，使用铝板、玻璃和砖材，完美连接现代与传统，兼容国际与地域。同时以明快的色调烘托商业氛围，功能与形式实现统一。

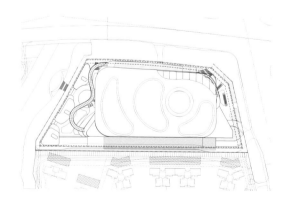

总平面图

N
0 10 25 50m

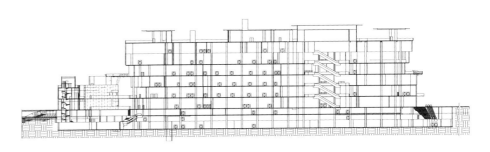

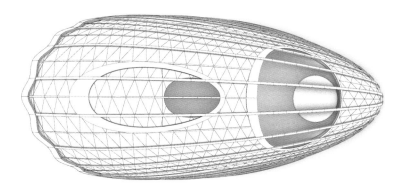 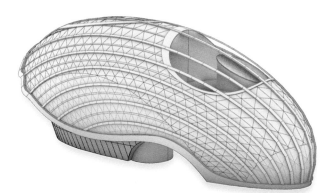

海口华侨城曦海岸一期展示中心
Haikou OCT Sunrise Coastal Phase I Exhibition Center

Location: 海口
Design: 2019
Floor Area: 2150m²
Site Area: 4900m²
FAR: 0.44
Service: 方案设计 + 施工图设计

"曦之贝"营销中心是曦海岸的精神象征。

海口是南部湾城市群中的一颗明珠。售楼处设计伊始，我们因其在整体规划及象征意义上的重要性，如同整体项目的一颗明珠，故将设计线索引向海口盛产的珍珠。

曦海岸项目营销中心的设计和施工难度都很大。我们希望它能够成为秀英区具有象征意义的一个符号。它既符合这个城市的气质，也体现了华侨城地产和我们对于高品质设计的不懈追求。什么才能体现出"完美""追求"，甚至是作为我们这一代创业者坚强力量的象征，在做了很多的方案构思后，我们选定了"贝壳"作为这些理念的一个载体，实现的过程是有难度的。

整个壳体是一个三维的弧形，为了实现这个"完美"的弧形，结构、幕墙设计都经过了反复的推敲。大家所看到的这个幕墙都是由双曲面玻璃和铝板拼合而成，而这些玻璃铝板基本没有重复的。

深圳满京华 iADC 云著花园
Shenzhen MJH iADC Mall-MJH Top Opus

Location: 深圳
Design: 2015
Floor Area: 273684.82m²
Site Area: 50533.93m²
FAR: 4.19
Service: 方案设计 + 施工图设计
Photos: 曾天培

Award:
2018 年　第四届深圳建筑设计奖施工图铜奖
　　　　　第十八届深圳市优秀工程勘察设计奖住宅类一等奖

项目作为满京华国际艺展中心的大型格调艺术住区，与 iADC Mall、设计博物馆、艺术小镇、艺术公寓共同构成全球生活美学综合体的重要元素。回应国际艺展中心的规划，云著的定位以区域豪宅的标准，为高端圈层专属定制格调、艺术殿堂的精品住宅，因而实现住区的艺术品质提升成为设计的关键。

项目整体规划呈现半围合的格局，与东侧的艺术小镇实现空间上的呼应，并拉开建筑之间的视线通道，产生疏密有致的组群效果。建筑造型符号凸显竖向线条的升华，运用纯白的色彩和金属材料的质感，将复杂的建筑形体还原成为简洁有力的抽象构图，以此形成的错落感及雕塑性，赋予建筑硬朗的气质和艺术化的个性，彰显现代感、时尚感和尊贵感。

总平面图　　　　　　N　0　10　20　　40m

满京华·雲著

满京华·雲著

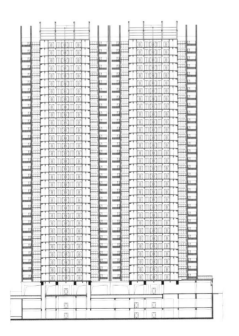

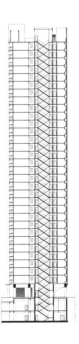

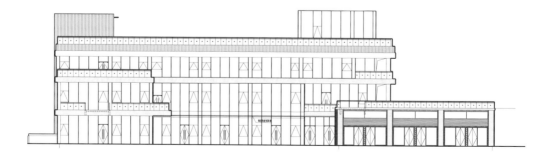

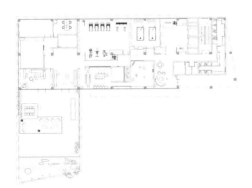

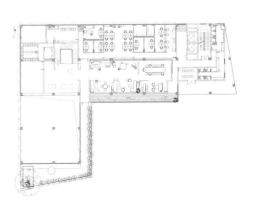

深圳满京华 iADC 盈硕大厦

Shenzhen MJH iADC Yingshuo Building

Location: 深圳
Design: 2015
Floor Area: 75960m²
Site Area: 7695m²
Height: 140m
FAR: 9.80
Service: 方案设计
Photo: 曾天培、高文仲

该项目的目标是打造现代化的商务办公楼，结合城市设计创造舒适的办公空间环境。建筑造型设计上力求简洁大方，与城市空间协调。形态上体现出下部连接顶部分离的错动双体块格局，保证了建筑体量的简洁且具备标志性，同时也能够保证建筑采光的最大化和空间核心筒使用的合理性。在平面空间上，底部为单核心筒格局，顶部为双核心筒格局。通过建筑的体块错动，西北角留出了小型的公共广场空间。建筑东侧体块架空在步行街之上，形成了 24h 的城市公共通道。建筑南侧结合城市设计形成一个小型广场空间。从平面设计到立面设计，通过科学合理的功能规划，简洁明快的造型设计手法，营造出富有现代时尚感的品质。

总平面图

N ↑ 0 10 25   50m

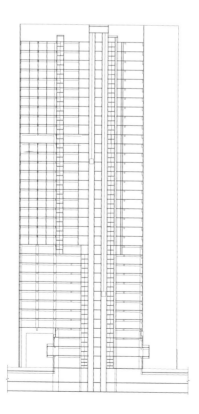

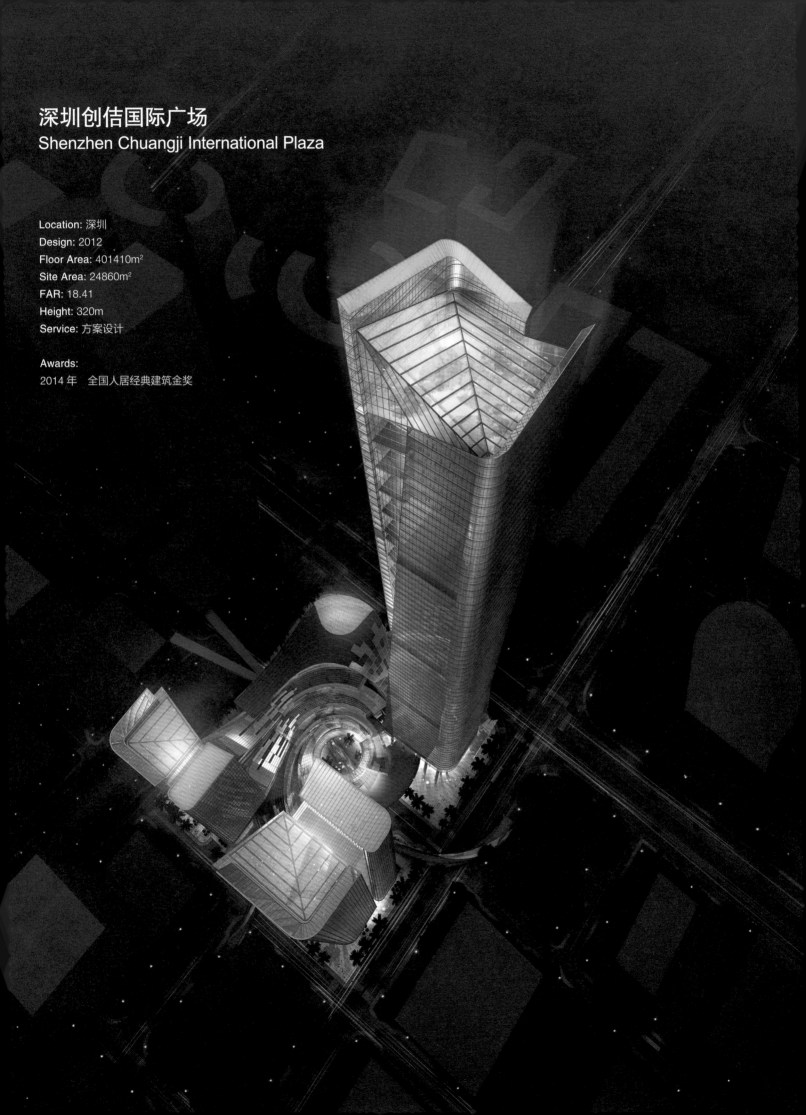

深圳创佶国际广场
Shenzhen Chuangji International Plaza

Location: 深圳
Design: 2012
Floor Area: 401410m²
Site Area: 24860m²
FAR: 18.41
Height: 320m
Service: 方案设计

Awards:
2014 年　全国人居经典建筑金奖

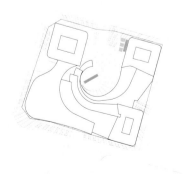

总平面图

N
0 10 25   50m

项目所在区域是深圳商务商业核心区，3 座超高层办公楼、酒店、公寓以及体验型商业中心的组合，为项目带来了集约化、复合型的城市综合体属性。设计师所要创造的是这样一种空间，人们可以自由无界的交流，身心情绪可以得到充分的休闲释放，不同维度的生活在这里充满活力。由"漩"的设计概念所创造出的中心风眼，是整合四个地块的纽带。三组人行天桥，从商业公园跨越道路与周边用地构成互动。矩形塔楼运用斜切、扭转、衍生等设计手法，创造出灵活多变的空中花园，延续了中心漩涡动感汇聚的趋势，流转变化的空间与和谐统一的造型融为一体。多层次的功能链接和标志性的群体形象，最终实现提高城市活力与可持续的生活方式的设计目标。

深圳星河龙华福记项目
Shenzhen Galaxy Holding Group Longhua Fuji Project

Location: 深圳
Design: 2019
Floor Area: 75640m²
Site Area: 10879m²
FAR: 5.31
Height: 100m
Service: 方案设计

项目地处深圳市龙华区大浪时尚小镇的核心区域，设计立足于大浪时尚服饰产业，从场所文化提出"空中 T 台，城市窗口"的概念意向，通过城市之眼、城市梯台、裁剪编织、旋转交错四个方面回应大浪时尚小镇的整体规划，在满足基础功能的同时释放出场地属性价值，打造时尚产业的"世界之眼"。

项目整体呈现双 T 扭转形体，与周边的城市肌理相呼应，形体的组合简约大气、现代时尚。"世界之眼"作为建筑造型的符号，表现出落地于当下、展现未来的寓意。立面设计采用现代风格，从时尚时装中提取布艺的编织与裁剪的纹理，以抽象的方式提取并表现于塔楼表皮与裙房，赋予建筑简单时尚的艺术气质，彰显现代感和尊贵感，与大浪整体气质相呼应。

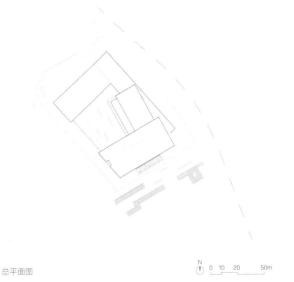

总平面图

N
0 10 20   50m

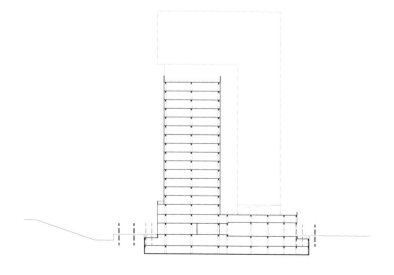

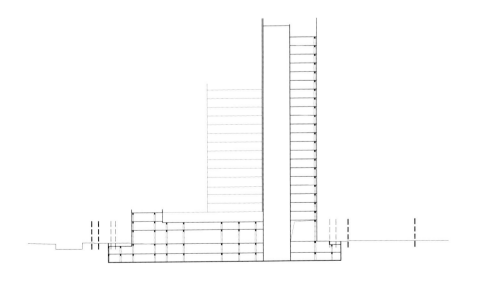

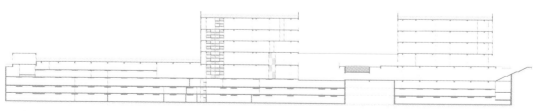

深圳光明星河天地花园
(二、三期)

Shenzhen Guangming Galaxy Tiandi
Garden (Phase 2&3)

Location: 深圳
Design: 2019
Floor Area: 229300m²
Site Area: 35537.94m²
FAR: 6.45
Height: 149 m
Service: 施工图设计
Partner: 艾奕康设计与咨询（深圳）有限公司

虽然规划用地为相邻同一条市政路的两个地块，但通过多层空中连廊将两个独立的商业体量连接为拥有完整环动线的"COCO city"，实现商业价值最大化的同时保证了住宅独有花园的私密性。塔楼设计整体采用现代风格，视线穿插互无遮挡，立面在星河天地一期原有基础上优化了部分细节，保证项目整体延续性的同时提升了整体品质；每隔三层的空中花园自04地块公寓屋顶延续至商业裙房屋顶以及住宅花园，拾级而下的绿色不仅迎合了上位规划"垂直城市"的理念，也呼应了未来建筑生态化的人文诉求；以"峡谷"寓意抽象处理的横向肌理不断延伸，将人群不断引入趣味十足/宜商宜居/立体生态的光明标杆综合体。

总平面图

N 0 100 200 400m

深圳现代国际大厦
Shenzhen Modern International Building

Location: 深圳
Design: 2005
Floor Area: 69499m²
Site Area: 4025m²
FAR: 14.00
Height: 180m
Service: 方案设计

Awards:
2007 年　年度中国最佳写字楼

低区电梯
2F
1F
-7F
-23F

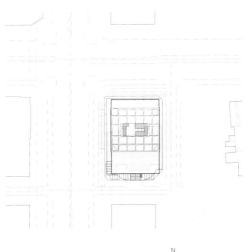

总平面图

N 0 10 25 50m

项目地处深圳市 CBD，在高楼林立的中心区以自身独特的建筑风格独树一帜。塔楼与裙房尽最大可能与周边的建筑相协调，建筑的轴线和主体造型，根据深圳市布局结构和城市规划的指导，强调角部节点相互统一协调，最终确定了建筑的轴线和建筑的特殊处理节点；设计近 70% 的超高实用率、6.6m 层高，打造灵活实用的商务空间；建筑的主体造型以简洁方正为主，一方面形成利用率高的办公空间，另一方面可使形体完整性更强、造型更挺拔，建筑主体西北角局部采用三角形切割的手法进行了特殊处理，在符合规划要求和与周边建筑退让协调的同时，给人以钻石般闪亮的视觉冲击。

安庆滨江 CBD 片区 45、46 号地块项目
Anqing Binjiang CBD Plot 45, 46 Project

Location: 安庆
Design: 2019
Floor Area: 167922m²
Site Area: 24629m²
FAR: 5.00
Height: 201.10m
Service: 方案设计

项目位于安徽省安庆市迎江区滨江 CBD 片区，南临长江，东邻城市公园，景观视野极佳，目标建设集办公、公寓、精品酒店、特色商业、滨海休闲娱乐于一体的滨海商业综合体。整体由一栋 201.10m 高的超高层办公塔楼、两栋 97.90m 高的公寓板楼与商业裙楼组成。

设计取意有"万里长江第一塔"美誉的振风塔，回应历史，展望未来；造型由叠加的书籍演绎而成，呼应振风塔"振兴文风"之意，塑造昭示性强的"双塔双板"造型。主塔采用立面错动设计的新颖手法，创造性地把单一方形主塔切割成南北错接型"类双塔"，立面亦上下错动、东高西低打破传统平板退台形态，丰富城市制高点轮廓线。公寓板楼采用 V 形折叠的方式，形成两个独立的公寓单元，顶层天际泳池连接两公寓板楼，营造极致的景观视野。建筑接入大型城市景观连廊，连接长江堤坝、安庆之眼、城市公园等关键节点，具有强烈导向性的空中步道引导各方向的客流进入场地，创造了自然、生活、工作交融一体的园区空间，打造未来的城市打卡点。

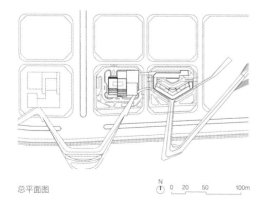

总平面图

N
0   20   50   100m

深圳海格云链
Shenzhen Hercules Ecosystem Supply Chain

Location: 深圳
Design: 2015
Total Area: 83990m²
Site Area: 21564m²
FAR: 2.50
Service: 方案设计 + 施工图设计
Photos: 曾天培

Awards:
2018 年　第十八届深圳市优秀工程勘察设计奖公建类、人防类一等奖
2019 年　第五届深圳建筑设计奖已建成类二等奖

总平面图

项目位于深圳市盐田区保税区东部沿海高速路与明珠大道交汇处，西面毗邻新兴物流厂房，北面有良好的山景资源，东面及南面有良好的海景资源。为此，项目总体规划充分利用现有的交通道路，打造一个交通便捷、高环境品质的仓储建筑。主要功能包括仓储及相关配套设施。建筑主要包括一栋仓储建筑和一栋仓储配套楼。

主体建筑的平面呈 L 形布局，将场地分成东西两侧：西侧主要是货车场地、东侧及南侧形成景观良好的广场空间，利用建筑自身形成了一动一静两个区域，很好地组织了人流及车流，南边结合景观及地下室设计下沉花园，同时建筑自身也形成了多种尺度的屋顶绿化空间。平面采用规整的大柱网，核心筒靠一侧的布局，提高了使用效率，也为仓储空间提供了良好的自然采光条件。

将建筑立面划分与建筑内部使用功能空间划分结合设计，立面造型设计具有时代感，通过立体构成设计和平面构成设计，使得建筑具备独特的性格，成为区域的标志性建筑。建筑体块之间创造的咬合和穿插关系使得建筑造型充满力量，具备强烈的视觉冲击力。平面构成方面力求均衡，使得建筑风格具有工业感、个性化。

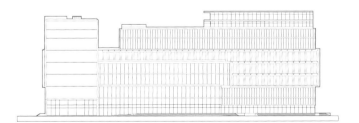

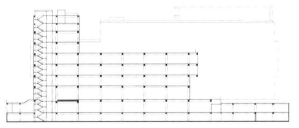

西安紫薇尚层
Xi'an ZIWEI Fashion Loft

Location: 西安
Design: 2007
Floor Area: 179721m²
Site Area: 37167m²
FAR: 4.20
Service：方案设计

项目位于西安市太白南路与丈八东路交汇处，借鉴街区的规划设计理念，探索实践现代开放社区理念与艺术空间相结合的先进理念，打造发展开放复合的街区住宅，营造高雅的生活品质，成为西安商住一体化城市综合体的典范。

建筑的造型设计摆脱了形式与功能的常规联系，打破住宅或者办公的基本造型元素，运用立体主义的体块穿插构成手法，艺术元素的大胆组合，总体体现了大气连贯的城市街区印象，使社区成为具有艺术特色的标志性建筑物，体现产品的超前艺术理念。

总平面图

N
0 20 50   100m

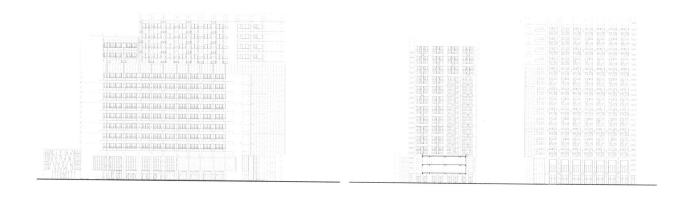

张家港爱康大厦
Zhangjiagang AKCOME Headquarters

Location: 张家港
Design: 2011
Floor Area: 77516.29m²
Site Area: 12727.10m²
FAR: 4.91
Service: 方案设计

项目是张家港市动漫产业园建筑组群的重要门户形象，设计
灵感来源于爱康集团光伏产业的高科技意向，将主体塔楼切
割成为南北两片，通过一系列斜切扭转，构成具有动感与张
力的风帆意向，令塔楼造型具有强烈的视觉冲击力，同样的
设计手法贯穿于裙房与广场景观等设计空间，产生一系列灰
空间和富有雕塑感的形体组合，借助幕墙和石材等现代材料
的衬托，展现令人印象深刻的个性化创作。同时在功能设计
上独创专属核心筒和顶层企业会所，体现总部办公大气、尊
贵的空间体验。

总平面图

N 0 10 25   50m

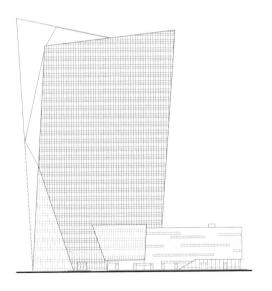

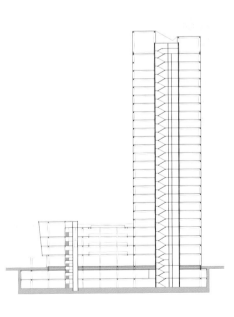

深圳光明智衍创新生态谷

Shenzhen Guangming Zhiyan Innovative Ecological Valley

Location: 深圳
Design: 2019
Floor Area: 48131m²
Site Area: 16043.60m²
FAR: 3.00
Service: 方案设计 + 施工图设计

项目位于深圳市光明新区田寮社区，包括研发办公、轻型厂房、商业、文化站及配套设施，并配置2410m²公共绿地和3000m²露天景观广场，旨在打造一个自然、生活、工作交融一体的创新科技生态谷。

设计以"森林之上，水晶之间"为灵感，分别以森林和晶体塑造建筑的形象，赋予建筑"一面生态、一面科技"的双面特性。从城市、社区与人这三个层次确立了科技生态谷的五重概念，创造了自然、生活、工作交融一体的园区空间，获得更加开放的多孔隙城市空间，更加人性化尺度的建筑体量，更具趣味的公共活动场所，城市、社区、人在此得到有机地结合和对话。

总平面图

N 0 15 30 60m

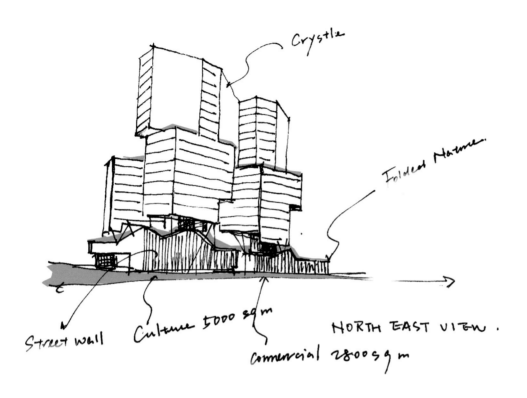

Crystle

Folded Nature

Street wall　　Culture 5000 sqm　　NORTH EAST VIEW.

Commercial 2800 sqm

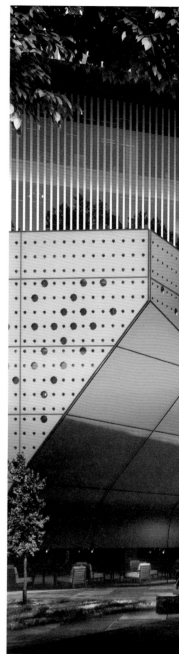

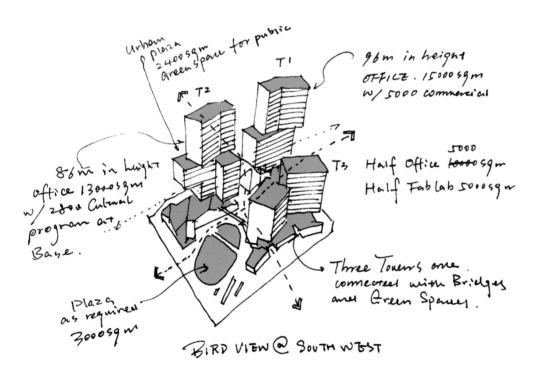

Urban Plaza 2400 sqm Green Space for public

T2

T1

96m in height
OFFICE. 15000 sqm
w/ 5000 commercial

86m in height
office 13000 sqm
w/ 2800 Cultural program at Base.

T3　Half Office 5000 sqm
Half Fab lab 5000 sqm

Three Towers are
connected with Bridges
and Green Spaces.

Plaza
as required
3000 sqm

BIRD VIEW @ SOUTH WEST

徐州行政中心
Xuzhou Administrative Center

Location: 徐州
Design: 2004
Floor Area: 184250m²
Site Area: 118712m²
FAR: 0.50
Service: 方案设计

中国传统的审美习惯关注有序和谐的空间秩序和天圆地方的历史宇宙观，因而建筑组群以南北向的中央轴线在几何上占主导地位，而东西向的轴线则作为辅助构建坐标体系。在核心位置设置了市民中心，突出了民意至上的意念，建筑形体由中央向东西两侧跌落，强调视觉的中心焦点与形式上的主从逻辑。东西向的轴线是由一系列中庭构成的虚空，是潜在的活动与视线通道，营造室内外一体、沐雨听风的自然感觉。设计手法充分体现现代建筑艺术凝练、抽象的特征，一系列充满引力和张力的空间抑扬曲折，环绕这些空间的界面则呈现出一气呵成的连贯性，同时将超尺度的元素重复使用，形成一种宏大叙事的建筑语法，用夸张的修辞创造一体化的恢宏效果，给人以强烈的空间震撼。

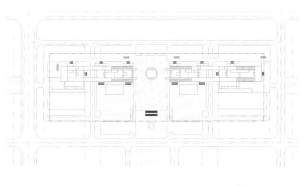

总平面图

N
0 20 50 100m

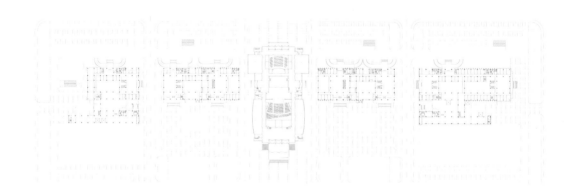

 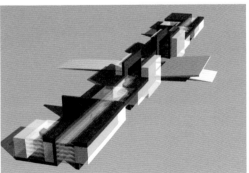 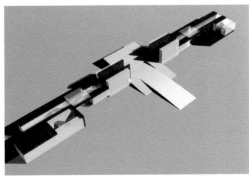

深圳招商观颐之家蛇口颐养中心
Shenzhen Merchants Guanyi Shekou Nursing Center

Location: 深圳
Design: 2016
Floor Area: 4738m²
Site Area: 3421.05m²
FAR: 1.48
Service: 施工图设计
Partner: 北京中合现代工程设计有限公司
Photos: 曾天培

项目位于深圳蛇口育才路 7 号，前身为建于 1999 年的原招商局培训中心招待所，这里曾培养出一批批国家栋梁之材和改革开放的历史功勋，被誉为改革开放的"黄埔军校"。

作为改造活化项目，结合其自身深厚的历史渊源和人文气息，在保留旧建筑整体框架的基础上，在内部空间和功能的设计过程中，通过对养老建筑特点进行深入研究，汇聚建筑、结构、设备等方面的匠心设计，致力于将项目打造为有温度、人性化的养老护理建筑。改造后的颐养中心分为自理、半自理、失能护理以及认知障碍护理区，共有 63 间客房，75 张床位，可适应不同级别的护理需要。

总平面图

N 0 2 4 8m

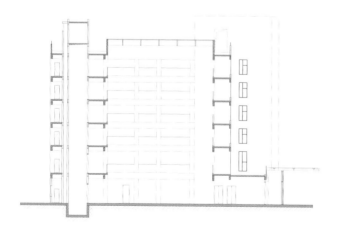

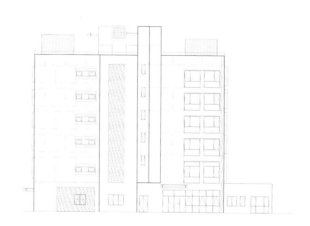

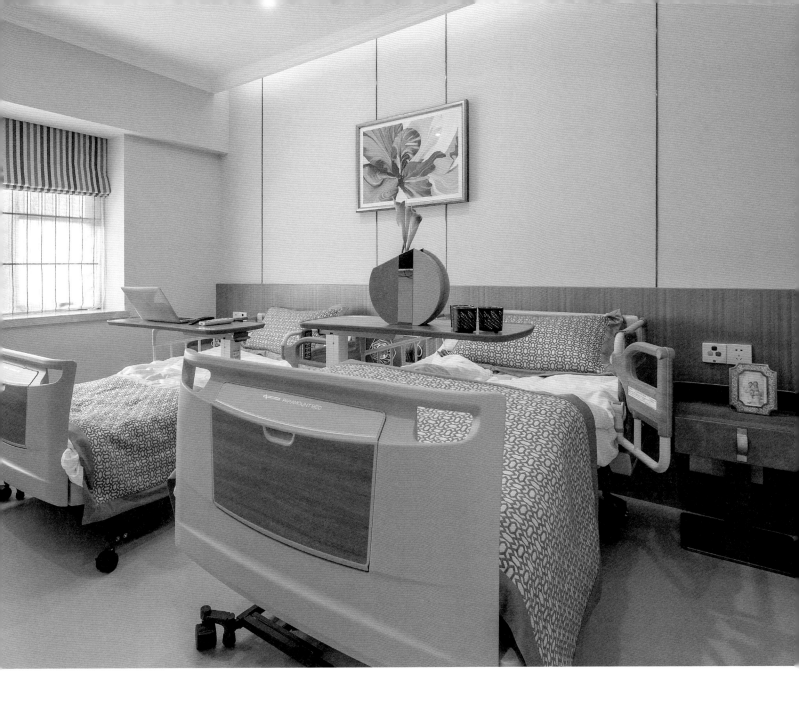

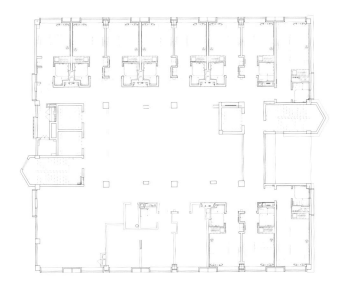

深圳明德学院（满京华校区）
Shenzhen Mingde Academy(MJH Campus)

Location: 深圳
Design: 2015
Floor Area: 47234.65m²
Site Area: 76947.60m²
FAR: 0.61
Service: 施工图设计
Photos: 张超、黄城强
Partner: 广州源计划建筑师事务所

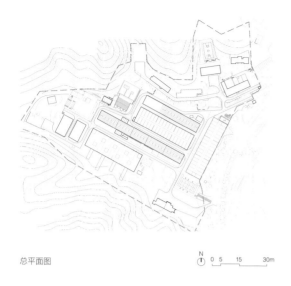

总平面图

项目位于深圳大鹏半岛，前身为鸿华印染厂的后工业遗址。作为改造活化项目，建筑的更新介入并未破坏原有建筑结构，连接场地与生活的自然景观依旧保留，新的空间植入注重塑造多重内外空间逻辑，建立丰富的交往空间，使参观者不经意漫步于建筑的"新"与"旧"之间，空间的"内"与"外"之间，"艺术"与"自然"之间，并尝试通过建筑的植入，带动行走中的思考，唤起对过往历史的记忆和想象，营造置身世外的独特城市空间体验。项目改造为城市更新与遗迹保育之间的完美平衡提供了参照样本。

N　0　5　15　30m

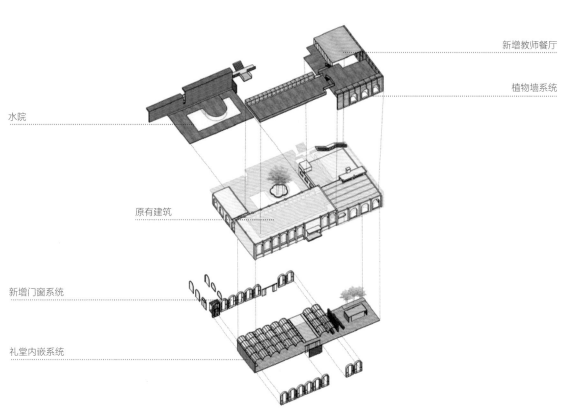

新增教师餐厅

植物墙系统

水院

原有建筑

新增门窗系统

礼堂内嵌系统

1 创意办公室
2 卫生间
3 敞开外廊
4 内通廊

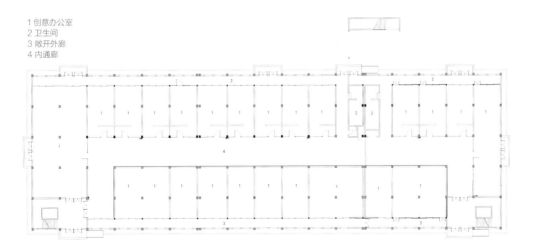

梅县外国语学校

Meixian Foreign Language School

Location: 梅州
Design: 2013
Floor Area: 266632m²
Site Area: 101246m²
FAR: 0.38
Service: 施工图设计
Partner: 新加坡 CPG 设计事务所

Awards:
2016 年　第二届深圳建筑创作奖银奖
　　　　　第二届深圳建筑创作奖已建成项目铜奖
　　　　　第十七届深圳市优秀工程勘察设计公建类三等奖

项目位于梅州市梅县新城，基地是一处坐落于两山之间的美丽山谷，占地 26.6hm²。场地以三个峰点向基地中央的山谷倾斜，同时山谷由南向北降低，呈现一个缓坡。结合场地特点，校园以"生活、学习、休闲"的规划理念为出发点划分功能分区，以山谷及山顶的弧形序列为宿舍功能组团，以中间平坦的谷底组织核心教学轴线。校园建筑立面设计理念借鉴客家传统建筑形式、比例与尺度，融合国际现代风格，细节方面遵循传统客家建筑风格，景观设计以山体为大背景，充分利用自然条件，在整体上塑造一个风景式校园。

总平面图

N 0 5 15 30m

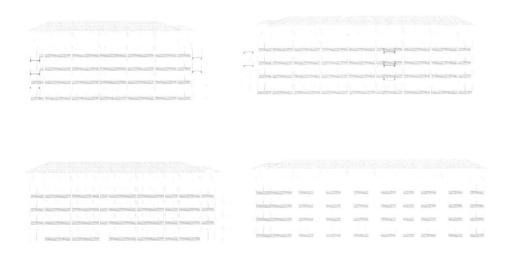

西安高新第一高中新校区
New Campus of Xi'an High-tech 1st High School

Location: 西安
Design: 2019
Floor Area: 120048m²
Site Area: 199633.79m²
FAR: 1.36
Service：方案设计

项目用地位于西安高新区浐河南路以南，地处长安通信产业园片区，占地面积约180亩。规划设计高中部48个班级，初中部48个班级。

在中国现代化人文主义哲学的影响下，现代教育更加强调以人为中心，强调教育不仅应在传统教室课堂上完成，校园空间环境作为"泛教室"对学生产生熏陶作用也是作为现代教育的延伸部分。未来的初级中学也更加关注校园生活方式和人文要素。

设计追寻灵动多样，自然生态，趣味活力，多维复合空间的设想，使之创造出全新的现代校园教育。我们以将学校打造成一个可以自由探索的"生态村落"为设计理念，来设计整个校园规划及单体。

总平面图

N 0 20 50 100m

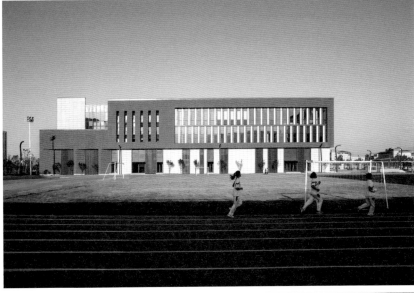

西安紫薇东进销售中心
Xi'an Ziwei Eastliving Sales Center

Design: 2012
Total Area: 3000m²
Site Area: 1450m²
FAR: 0.50
Service: 方案设计

Awards:
2013 年　世界华人建筑师协会设计银奖
2019 年　香港建筑师学会 CADSA 建筑设计大奖卓越奖

项目用地原为西安市水泥制管厂，这座工厂大院记录了千家万户的点滴生活，承载着那个年代人们最珍贵的回忆。城市需要发展，环境需要改善，建筑师秉承"建筑梦想，创新生活"的理念，创新性地以工业时代为主题，用规划留住工厂大院最珍贵的记忆，将原水泥制管厂的苏式大礼堂、火车机车、铁轨及水泥管等工业遗存，通过建筑、景观的再次设计，与新建居住社区融为一体。其中礼堂部分整体加固改造，增建钢结构工业文明展览馆，两者在空间上相互贯通，形体上互相穿插，材质上强烈对比，在多维度立体景观的衬托下，钢架结构与砖木建筑之间引起现代与历史的共鸣，唤起心灵深处的记忆。

总平面图

N　0　25　50m

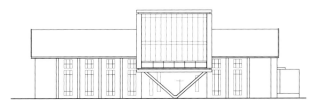
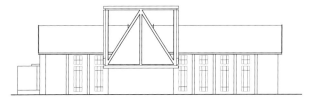

宜游营造

河北阜平县美丽乡村建设
Hebei Fuping Beautiful Countryside Construction

Location: 保定阜平
Design: 2015
Floor Area: 558289.41m²
Site Area: 760108.20m²
FAR: 0.71
Service: 方案设计 + 施工图设计
Photo: 曾天培

Awards:
2016 年　人居生态国际建筑规划设计方案竞赛综合大奖
2017 年　中国特色小镇·美丽乡村优秀规划建筑设计方案评选年
　　　　度优秀建筑设计奖
　　　　第三届深圳建筑创作奖未建成项目二等奖
2019 年　香港建筑师学会 CADSA 建筑设计大奖卓越奖

项目地处河北省阜平县太行山脉片区,可谓"太行深处的隐世秘境"。因地处偏僻,保留了传统北方山村特有的村落布局和建筑形式,被誉为"太行山小村庄中的活化石"。然而,随着城镇化的快速发展,人口流失,房屋破败,村落已日渐凋敝。

2015 年起,阜平县作为建制镇区示范点和美丽乡村建设试点并正式启动。受阜平县政府的委托,我司设计团队开始参与阜平美丽乡村搬迁重建规划工作,四年间完成了阜平县 10 个自然村规划设计、11 个自然村施工图设计,规划总用地面积76 万 m²,建筑面积 56 万 m²,安置 7000 多户村民,2 万多贫困人口。

山墙　　三开间　　烟囱

砖墙护栏

拱形窗

竹子篱笆

挑檐

村落规划设计主要采取两种模式：

模式一：搬迁整合，异地重建

设计策略：对布局分散、规模小、配套及设施不完善、村庄人口流失严重的村落采取整个搬迁的方式，重新选址新建。新建房屋设计提炼传统建筑的色调、比例、形式、构造、细部等元素，延续乡土记忆。

代表村庄：二道庄、河口村、夏庄村、朱家营、高阜口村等。

模式二：保留原貌，改造提升

设计策略：对现状保留完整的村落规划实行保护和修复，保留原有的村落肌理、村庄人文风貌，严格遵循"传统肌理，传统样式，传统材料，现代技术"的原则，对公共空间和民居建筑进行改造或重建，用有限的技术与成本最大程度地保留山村特色，提升村民生活品质。

代表村庄：朱家庵村

汕头中海黄金海岸文旅小镇

Shantou COLI Golden Coast Cultural Tourism Town

Location: 汕头
Design: 2017
Floor Area: 1420000m²
Site Area: 786162m²
FAR: 1.81
Service：方案设计 + 施工图设计

Awards:
2018 年　第四届深圳建筑设计奖金奖
2019 年　第十四届金盘奖年度最佳预售楼盘

项目为原生态海洋主题开发，旨在打造传承潮汕千年文化的粤东第一滨海旅游、居住、工作、养生、休闲、度假特色小镇。所在地是汕头的 AAAA 级景区，周边拥有丰富的旅游资源、绝佳的海景及众多风景名胜度假区。规划设计充分发挥场地自有长约 2.3km 的黄金沙滩，以及"文化、历史、自然"等多重优势集于一身的特点，结合国际先进的新都市主义规划设计手法，以地域性、原创性和艺术性为原则，将基地划分为多个片区，采用"一带、一中心、六组团"的规划空间布局，打造一个根植地域、面向世界的滨海风情小镇。

生活艺术馆　作为小镇品牌展示和形象推广的艺术空间，以空灵之姿，融自然、艺术、人文于一体，宛若滨海之畔大型唯美的艺术装置，赋予文旅小镇海边乌托邦的诗意气质。设计以玻利维亚乌尤尼盐湖"天空之境"为灵感，对话自然，天光云影，汇聚于此，宛若一面天空之镜。建筑造型采用现代简约风格，以白色为主色调，屋顶横跨 54m，厚度仅 250mm 的极薄斜切金属屋檐一气呵成，轻盈舒展；面朝大海的玻璃幕墙实现室内外空间的无缝结合，海天一色，尽归其内。

三期住宅　回应旅游小镇的整体规划，充分利用海景资源组团式布局，核心地块的高端别墅依托水湾景观带，形成生态半岛住区；外围高层组团户户海景，形成丰富的滨海空间及天际线。总体布局以外部借景和内部造景相结合，单元户型设计较为灵活，实现景观资源最大化和户型均好性。

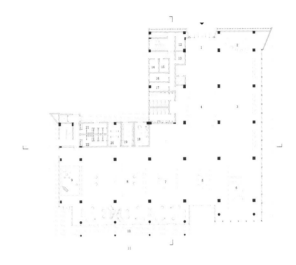

肇庆华侨城文化旅游科技产业小镇
Zhaoqing COT Cultural Tourism Technology Industry Town

Location: 肇庆
Design: 2017
Floor Area: 5000000m²
Site Area: 5282533m²
FAR: 2.00
Service: 总体规划

Awards:
2018年　第四届深圳建筑设计奖铜奖

项目位于历史文化名城肇庆新区核心区，地处粤港澳大湾区连接大西南的战略要津。规划设计以"对标雄安、文旅航母、岭南特色"为主题，紧密结合地形，在空间结构上采用组团式布局，通过多条景观生态廊道将山水融入城市，形成"一横、两纵、三核、多廊道"的规划结构。组团之间以廊道、林带、水系串联，建筑沿水岸绿地由低到高呈阶梯式布置，实现地块价值和景观价值的最大化。同时规划2条水上游线和1条自行车换线，形成移步换景、节奏有序的步行观感体验，把最好的景观资源让位于旅游休闲和市民，构建连接城市、滨江景观和沿湖景观的开放空间，全力营造以人为本、生态优先、绿色发展并极具休闲吸引力和归属感的活力文化旅游新城。

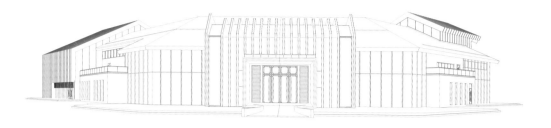

肇庆华侨城文化旅游科技产业小镇品牌展示中心

Brand Exhibition Centre of Zhaoqing OCT Cultural Tourism Technology Industry Town

Floor Area: 3000m²
Site Area: 44000m²
Service：方案设计 + 施工图设计

Awards:
2019 年　香港建筑师学会 CADSA 建筑设计大奖卓越奖

项目位于肇庆新区（规划中）岭南水街的起始点，作为华侨城地产品牌展示与产品推广的载体。设计在岭南传统建筑特色基础上进行了现代主义风格的演变，曲折起伏的屋面由广府民居竹筒屋丰富多变的天际线演绎而来，具有极强昭示性的同时也增添了几分趣味。轻盈、简洁的材料与岭南元素相结合的立面，使整体设计通透、大气，与环境融为一体。

肇庆华侨城文化旅游科技产业小镇一期（B区）
Zhaoqing OCT Cultural Tourism Technology Industry Town
Phase I (District B)

Floor Area: 171130m²
Site Area: 68452m²
FAR: 2.50
Service: 方案设计 + 施工图设计

肇庆华侨城文化旅游科技产业小镇一期（B区）

基地位于总体规划的西侧，东南侧为砚阳湖，北面为长利河。延续整体规划"中轴对称"的布局，引入人居住宅、岭南民居等概念，吸取岭南建筑的精髓，通过深层次的演绎手法诠释岭南建筑特色，创造宜居舒适又富有岭南特色文化内涵的住区。

项目整体由 10 栋高层住宅、6 栋叠拼别墅和 8 栋联排别墅组成，高层沿东西两侧及北侧布置，向城市开放，自然围合出一个中心庭院，营造良好的景观条件和开阔的视野。裙房为商业及社区配套，叠拼、联排别墅居中布置，相对独立私密，闹中取静。建筑造型兼具现代简约与岭南文化的典雅风格，高层住宅外立面以现代简约为主，局部细节点缀岭南风格元素；别墅产品以现代化的设计手法彰显岭南文化，外观典雅，藏秀于内。

茂名华侨城歌美海西侧项目
Maoming OCT Gemeihai West Side Project

Location: 茂名
Design: 2019
Floor Area: 530084.30m²
Site Area: 174981.33m²
FAR: 2.20
Service: 总体规划设计 + 方案设计

项目位于歌美海西岸南侧，与南海旅游岛一水之隔，属未来旅游核心发展地区，汇聚交通、教育、生态环境、公共配套等各种优势资源。

项目总建面约53万m²的滨海大宅，整体规划了高层住宅、别墅、商铺、幼儿园、小学及其他配套设施。在规划设计上，本项目一大特色是紧邻歌美海，结合项目本身形状特点，充分利用自然景观资源，创造宜居舒适的滨海度假风格的住区。

建筑立面充分结合歌美海的滨海特色进行设计，设计灵感来源于龙舟、风帆、波浪等滨海元素，整体造型以现代风格为基调，通过曲线界面的变化，形成流动的线条，在起伏变化中生成优美的韵律感，富含滨海风情。

总平面图

N
0 25 50m

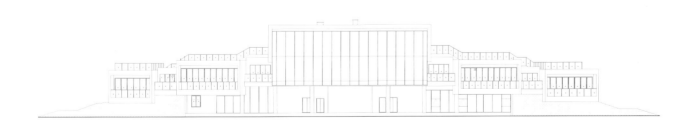

威海雅居乐冠军体育小镇东区项目
East District of Weihai AGILE Champion Sports Town

Location: 威海
Design: 2018
Floor Area: 653576.47m²
Site Area: 889993.24m²
FAR: 1.20
Awards:
2019年　最佳特色小镇奖、最佳售楼空间奖、最佳别墅空间奖
　　　　第十四届金盘奖全国总评选年度最佳特色小镇奖

项目位于威海市南海新区香水河入海口，以体育IP为先导，以赛事为引领，构建以"体育旅游、体育培训、体育商务、体育康养"为核心的体育产业生态圈，打造国家特色体育产业示范基地，融合滨海休闲度假、医疗康养服务、高端教育配套、主题商业配套等城市功能。

威海雅居乐综合体育基地、精品国球舍
Weihai AGILE Mix-used Sports Base & High-end Table Tennis Gym

Floor Area: 21214m²
Site Area: 47540m²
FAR: 0.35

综合体育基地、精品国球舍是威海雅居乐冠军体育小镇项目的重要组成部分。设计包括两座呈南北向并列布置的多层多功能体育建筑，其中综合体育基地为拥有2000座位的室内体育馆、精品国球舍为活动看台拥有500个座位的综合活动场馆，此外还配套商业、培训、接待管理及其他综合训练场馆等辅助设施。

建筑造型设计以奥运冠军王楠、刘国梁的球风为灵感。王楠作为一位杰出的乒乓球女将，球风不凶、节奏得当、控制稳重，精品国球舍采用圆弧矩形这种柔和的造型配合流线型、暖色调的木百叶造型，恰如其分地表达王楠的球风。同理，在综合体育基地的造型上，采用方正坚毅、有棱有角的造型，表达刘国梁的球风。整体建筑造型呈现一方一圆，正所谓"上善若水任方圆"，方圆之间形成的建筑形态搭配体现出这组建筑造型和而不同的美好，也象征着乒乓球运动在技术上刚柔并济的特质。

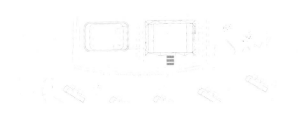

总平面图

N 0 15 30 60m

威海雅居乐 8 号地块
Weihai AGILE Plot 8# Project

Floor Area: 110780m²
Site Area: 70452m²
FAR: 1.40

8 号地块为威海雅居乐冠军体育小镇的住宅区组成部分，旨在打造一个人文、生态、和谐的居住社区，涵盖高层住宅、别墅以及文化活动站、警务室等公共配套。整体规划采用点式围合的布局，使所有户型都拥有良好的视野或朝向，保证每户居住的舒适性。

高层建筑采用公建化立面设计，整体现代、时尚，以质朴的材料与柔和的色彩搭配表现清雅的格调，以体量错落来营造丰富的整体形象，以精雕细刻的细部设计来体现建筑的精美感，再通过通透的阳台及玻璃门窗来体现与环境的融合，使建筑物与园林融于一体；别墅建筑采用坡屋顶形式，主体形式按现代建筑风格设计，色彩由重到轻，阳台栏杆由实到虚，赋予建筑稳重而不沉重的风格。建筑单体上部构件精巧，下部构件雄浑，体现力度感；阳台和落地玻璃门窗则体现出建筑的通透感。

总平面图

N 0 20 50 100m

北京中粮农业生态谷
Beijing COFCO Eco-Valley

Location: 北京
Design: 2013
Floor Area: 251382m²
Site Area: 97140m²
FAR: 0.30
Service: 方案设计

北京中粮农业生态谷是中粮集团倾力打造的综合生态、产业、度假、地产于一体，体现其全产业链理念的形象名片，设计融朴素自然和现代时尚为一体，采用会生长的生态有机建筑风格，以农田、河流、大地为现实基础，汲取当地房山古文化的灵感源泉，撞击现代时尚元素，运用超现实主义拼贴混搭和拓扑构成手法，让人们在建筑空间体验中感受蕴含生命力的变化发展，给人们自然健康的生活带来坚实的、可触及的基础。在传承地域文脉的同时，满足了丰富多元的功能性要求，契合企业优秀文化的过程中创造出自身独特的建筑个性，真正成为人们实现梦想的场所社区。

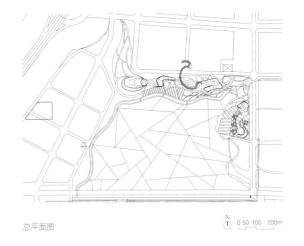

总平面图

N 0 50 100 200m

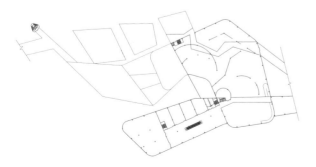

BAY AREA
ON-SITE

03

湾区现场

方向	学术
历史	成长
理念	跨界
价值	

方向

蔡明： 设计一定是因地制宜，跟着时代同步前进的，否则会被时代、市场和客户抛弃，未来的建筑设计一定会朝着更专业、更科技、更艺术的方向发展。开朴艺洲的发展战略是"设计 + 科技 + 艺术"三位一体，三者形成一个闭环，相辅相成。艺术形而上，设计形而下，科技是推动行业发展的翅膀，有科技力的加持，未来的设计行业必定是更加进化和高效的，但随着世代更迭，未来需要的设计将更有温度和个性化，因此我相信艺术将以其包容、多元而对建筑设计行业有更重大的贡献和影响。

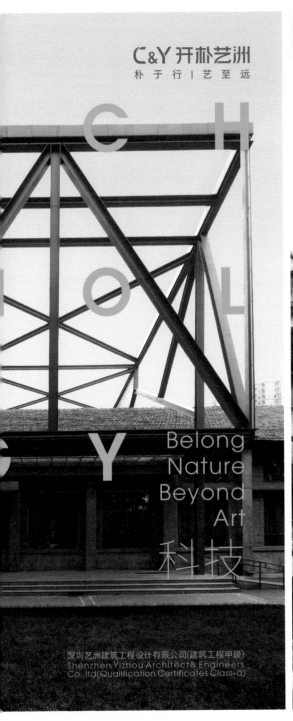

历史

蔡明： 开朴15年，艺洲25年，开朴艺洲加起来正好40周年，暗合改革开放40周年的时间跨度，这既是一种巧合，也有一定的关联性。深圳是改革开放的试验田，艺洲当年正是邓小平南巡后，国内第一批民营建筑事务所的三个试点单位之一，它的成立具有特殊的历史意义。由此也可以看出，开拓进取、务实创新的企业精神是从开朴艺洲创始之初就有的民营企业气质的基因和精神内核。

理念

蔡明：我们的理念就是一如既往地坚持的"朴于行，艺至远"，这跟王阳明的心学是相通的。开朴艺洲的取名代表了我们的取向，开拓朴实，艺术至终，实际上也表达了我们的一种愿景。公司的理念，永远是开放的，要跟国际接轨，要有国际化的视野，而我们在落地的时候则要强调工匠精神，精益求精。所以，这个理念是不会变的，一定会贯穿在开朴艺洲当下及未来的实践中。

价值

蔡明：站在客户的角度来看设计，从市场的角度为客户定制一个好作品：客户与设计师的关系，可以是很好的合作伙伴的关系，也可以是思想交流、有共同兴趣爱好的朋友关系，当你的思路跟客户的诉求统一时，才可能具备一个好作品产生的基础条件。在我眼里，客户很有可能懂得比你更多，因为每个客户都是某个行业的成功者。要抱着开放、学习的心态跟客户交流互动，以专业的技能和专业的手段，帮助他们实现其梦想和价值追求，客户本身永远是一个最佳的合作伙伴。

韩嘉为：建筑师应是一个解决方案的高手，如何去抓住任何一个项目的切入点和痛点，用建筑师的专业思维和理性逻辑推导做到价值的最大化。这里谈的价值，并不简单地局限在所谓的经济领域，更重要的还有社会层面的价值考虑，包括每一个使用者对建筑空间以及它所带来的城市环境的感受。

学术

蔡明：开朴艺洲是在市场的大潮中成长起来的，积极回应市场是民营企业安身立命的一条逻辑线，但我们同时并没有忘记学术。我一直信仰追随蔡元培先生提出的"美育救国"，而且美学和学术也有一定的关联，包括哲学和方法论。关于学术的认知，我认为并不局限于学校的教育，它可能从实践和实用的角度出发，例如我们日常在设计公司的管理和经营层面的理解和认知，都是需要去研究和学习的。从这个意义上来说，学术的定义和方向可以是很广泛的。我们的建筑师们，特别是公司的核心团队，都应该具备包括学术研发、产品实践创新以及把产品和作品转换成商品的综合素质和能力。所以，在我的理解当中，学术永远是根植现在，必须要深耕、聚焦的一种思维方式，也是公司未来腾飞的重要引擎。因此，开朴艺洲与我母校天津大学建立学术合作，也立志于把产学研作为未来公司的一个发展方向，近期也在跟美国一些著名事务所接洽联合，通过与具有前沿学术思想的事务所形成战略联盟，一方面深耕国内市场，一方面打开国际视野。

从左到右：
01 日本现当代建筑考察分享　宋志远
02 SPACE CRAFTER　卫若宇
03 接"近未来"——肃木丁的浅实践　纪啸林
04 构建文化——关于尺度　Jurgen Engel
05 未来理想家　梁井宇
06 美国 WATG 副总裁项目走访　Nicholas Jacobs
07 世界建筑师系列——BIG 建筑事务所　冯果川
08 地产规划设计逻辑　韩嘉为

成长

彭一刚院士: 一个设计单位要做出点成绩来,一个是引进人才,一个是加强兄弟单位团结,搞好合作。要树立一流的服务,在技术方面多下苦功。一个建筑师不去现场、不下功力,对自己的作品、对施工方、对甲方是不负责任的。

蔡明: 成为优秀的建筑设计师需具备三种品质:才华、激情、专注。设计师的成长就是在工作中迎接挑战,建立团队责任感,在实践中直面困难,不管是设计水平的提高,还是沟通能力的升级,都需要建立强大的内心,这样才能在未来的竞争中拥有屹立不倒的基石与武器,且不管外部环境如何变化,只有足够坚韧、足够投入才能化解所有的困难和诱惑,唯热爱方抵岁月漫长。

韩嘉为: 一位建筑界的前辈曾提到过,一名好的建筑师应该是一个杂家,要了解人情世故、世相百态。确实如此,建筑师在工作中会遇到各种各样的项目类型,通过多元的调研活动,一方面得以比较好地完成项目,另一方面也在逐渐丰富自身的知识储备和阅历。成为一名好的建筑师,首先应该更多地去了解身边的一切,也应该带着解决问题的出发点去了解身边的一切。

跨界

蔡明：绘画和建筑在艺术史上一直密切关联，艺术史是一个包罗万象的浩瀚海洋，各种建筑风格的演变无外乎是艺术逻辑的推导和对当下时代诉求的回应。一个建筑师的创作风格往往源自其艺术修为，而且建筑本身就是综合性的艺术，它离不开跟其他艺术的跨界和交融，正如所谓"通感"，无论写作、电影、设计来说，好的艺术作品始终有一条线，这条线可能是光影，也可能是空间，或者画面，正因为存在这条贯穿始终的线，才能最终成功打动身处其中的每一个人。

BAY AREA
THINKING

04

湾区思考

建筑美学探索

建筑美学探索

建筑之美，并非仅仅是我们视觉上的感受。每一座让你感受到美的建筑背后都蕴含着丰富的美学思考、探索和实践。美学这个命题看似虚无，与从属于理工科的建筑设计似乎相距甚远，然而，随着大众审美水平的提升，建筑师也越来越深刻地感受到，每个项目都需要在美感和工程材料科技之间作出平衡。

二十多年的从业生涯里，我对于建筑美学的思考和探索从未停止过，这份执着来源于最初萌芽于艺术的建筑理想，让我在设计中更注重美学和艺术的熏陶。建筑设计虽然属于理工科，但从某种程度看更像是一门艺术，实际上建筑也是八大艺术领域的类别之一，只是常常被忽略了。为此，在书的后记里，我想跟大家谈谈个人的建筑美学探索历程和实践经验，希望能有助于读者更好地理解建筑作品，同时带来一些启发和思考。

启程：与美学相遇

我的美学感知和启蒙，源于儿时父亲买的中国水彩画之父李剑晨的《水彩画技法》一书，直到今天仍在坚持水彩写生的兴趣，也是旅行时记录沿途风景必不可缺的。职业的缘故，我的水彩画以建筑题材为主，也将艺术的感悟运用到建筑设计中，成为我建筑灵感的来源之一，这跟当初的启蒙可谓缘分不浅。

后接触到蔡元培大师的"美育救国"的思想，我对美学的认识攀升到一个新的高度：作为一名建筑设计师，唯有将自己的专业与当下的社会发展趋势结合起来，改变自我，才能改变世界。站在今日的时代背景下思考蔡先生的思想，不得不佩服先生的深远见识。

谈到蔡元培，也让人想到"五四运动"的风云变幻。"五四运动"实际上也是一次文化启蒙运动，然而，我们的民族一直到现在，自始至终都没有一个连续完整的美学启蒙教育，以及国民素质不断提升的教育模式，这也是我国著名的哲学家、实践美学创立者李泽厚大师的观点，我也深表认同。

当下的知识分子有一部分人有这样的觉悟，对我影响较大的有知名油画家、文艺评论家陈丹青先生，他的《退步集续列》也表达了知识分子对当下现实的批判主义精神，唯有批判才能进步。我很认同书里的一句话：认知传统不是逆向回归，而是借助历史的维度认知自己。

人的一生中都在不断地发现美、追求美、创造美。美是无国界，最能打动我的是吴冠中先生的"中西合璧"理念。在这里我想先谈谈中国现代艺术之父林风眠先生，他可以说是现代美术史的传奇人物。林先生从美学的角度对西方的油画和中国画进行了融合创新，在这种理念下培养的三个学生都赫赫有名，分别是赵无极、朱德群和吴冠中，他们都是法兰西科学院院士。

我特别喜欢林先生的著作，讲的是一个中国才子接受完西方教育回国后，以本国文化为基础，植入西方先进的油画技术。中国画讲究的是线条，西方画讲究的是色彩，他用西方的油画技术表现中国画的线条、中国画的意境，使中西艺术完美融合。我非常钦佩林先生勇于创新的精神，从他的身上，我领悟到，艺术家需要创新，但不是技巧上的创新，而是观念上的创新，用自己独到的审美和异于常人的胆识、创新的观念去挑战古人从未走过的路。

设计亦如此，需要中西融合。我们也经常到外国考察有创意的项目，有时也会让我们顿悟，未来是无法预知的，你必须要有一种气魄与能力，才能把握住未来。我也喜欢看画，看画也能看出一个人的格调、境界和追求。在学贯中西方面，吴冠中大师确实具有开拓性，他把欧洲油画描绘自然的生动性、细腻性与中国传统艺术精神、审美理想融合到一起，构成了具有中国民族特色的"自然 – 形韵"新体系。这也是我很欣赏他的原因，希望自己也能在设计实践中学习他这种精神。

在路上：与美学同行

审美是一种能力，一种通过观察事物、把握事物，从而发现美的能力；审美也是一种个人素质，通过审美提高个人素质，境界也会自然而然随之上升。"美育救国"对于一个热爱建筑设计、热爱艺术的人来说，就是通过自己的审美理念创造出作品，是一种最务实的表达方式。

大学攻读建筑设计专业，我遇到了人生的第一位伯乐——业界泰斗、德高望重的彭一刚院士。导师彭先生一直致力于研究设计方法论，探讨建筑设计哲学和手法之间的关系，也就是"形而上"与"形而下"的一种规律性联系。在校期间，彭先生也一直挽留我攻读博士，当时我婉言谢绝了。因为我觉着建筑设计只有投身于实践中才能摸索出自己的方向，虽说这像是一个不切实际的构想，但我愿意抱定信念坚持去做。

研究生毕业后，我南下深圳，师从设计大师陈世民先生，在行内颇具影响力的香港华艺设计公司磨砺了九年。2003 年，那时的深圳正是一片发展的热土、创业者的天堂。创新、改革、激情是那个时代的代名词，我也满怀信心，下海创业，成立自己的设计公司，按照自己的理想和信念建构一个企业的文化。

开朴艺洲设计机构至今已走过 15 年，企业模式可以用三个词概括：定制、跨界和赋能。定制即发现场所精神，做因地制宜的设计；跨界即大胆思考创新，做融会贯通的设计；赋能即重视使用需求，做解决问题的设计。我想用公司发展历程中四个截然不同的项目作为案例探讨在具体的实践中，设计如何跟美学、文化、历史、科技和绿色生态发生关系并巧妙融合。

2004 年，开朴成立的第二年，我们在一个大型国内竞赛中成功中标"徐州行政中心"，一个超大体量的办公建筑，用地长度跨 600m，位于历史悠久、传统文化底蕴深厚的徐州，如何表现徐州雄厚的地域历史文化和行政中心的功能需求形成了艰巨的挑战。

当时参与竞赛的大多数方案采取高台建筑、合院建筑的表现形式。我们则利用场地开阔的地理条件提出开放式的空间布局，将所有建筑一字排开，将市政府、市委、人大、政协的四种功能空间平行展开，用一个抽象的"龙"概念表现空间的关系，以跌宕起伏的十字形空间序列表达空间的起承转折，既有南北向的主横轴，也有东西向的次纵轴，两个序列在主体多功能会议中心交汇。整个项目气势恢宏，颇具震撼力，抽象地体现了一种向心力、凝聚力以及开放的、面向未来的意识形态。

最初的设计灵感，是从明清家私"官椅"中榫卯的构成方法得到启发，结合它的功能反复推敲，最终得到一个富有设计逻辑感和空间序列感，散发着中国古典气质又面向未来的建筑。由此可看出，椅子和建筑虽然从属于不同领域，但有共通的地方，只是表现的语言和手法不同，设计美学最高的境界就是"通感"，看似不相干的东西可以在文化上找到脉络，然后通过建筑师的语言来表达。这个项目最终能按照我们的初始概念去建造，完成度也达到了 90% 以上，气势磅礴地伫立于徐州新区。

在项目的设计过程中，将传统建筑的美学智慧通过现代演绎运用到当下的建筑，这是方案概念提炼阶段常用的一种手法，在这个过程中，建筑师的设计手法也呈现出一种模仿、学习、慢慢提升到最后自由发挥的过程。这里我想结合 2009 年以竞赛第一名成功竞标的"梅州世界客商中心"为例谈谈。

项目选址依山傍水，东依群山，西邻梅江，包括酒店、会议、商务、展示等多种功能的建筑，旨在打造一个世界各地客家人交流的平台，为此，因地制宜，反映梅州当地的客家文化成为设计的初衷。当时特意到梅州大埔考察了客家最经典传统建筑——方楼和围屋。在大埔还有一个额外的收获，那里原生态梯田的"自然之美"给我留下了深刻的印象。

经过反复的思考，结合场地的坡地地形，取圆楼的形态，以及围龙屋马蹄形的格局，二者有机融为一体。建筑形式是在坡屋顶和土墙的基础上进行提炼和简化，使得最终整个设计就像抽象画一样，经过多次推敲和调整，最终方案能够达到规划的初衷，展现出来的是一系列完整的空间序列，实现功能和形式的统一。

在一个又一个项目的实践中，我们发现，设计本质上是一种文化，必须博采众长。眼界决定高度，高度决定你的产品内涵以及质量，如果过于狭隘地停留在一个地方，你的眼界会越来越差。

最好的状态是在设计创意迸发时，这种状态可遇不可求。我喜欢画水彩画，在绘画的过程中很容易找到设计灵感，闲暇时间喜欢在安静的、风景好的地方写生，在很短的时间内呈

现对自然的领悟以及个人的审美。设计创意也是同样的道理，它是通过前期严谨的分析、缜密的思考，在关键时刻临门一脚，迸发创意，实现厚积薄发。

2012 年，我们接到深圳创佶国际广场的设计，这是一个在深圳后海片区的超高层综合体，由 3 座超高层办公、酒店、公寓以及体验型商业中心组成，分别为 400m、260m 和 150m，形成"黄金切割比"的格局。我们在设计中引入自然界"暴风眼"形态作为整个建筑的基本构思，形成"漩涡"的设计概念，在中心风眼的作用下，通过漩涡的向心旋转形态，将四个分散的地块融为一体，打造一个独一无二的群地标。

项目容积率为 18，开发强度高到不可思议，正可谓是寸土寸金。在这样苛刻的条件下，能否营造一个内向型的退台式公园，成为最主要的设计目标。分析深圳的地域气候条件，我们认为可以在屋顶实现这一想法。我们的近邻新加坡和中国香港地区，立体绿化已经成为未来主要的发展趋势，技术也比较成熟，投入的代价也是可预估和可控的，未来所产生的社会效益和经济效益却是不可估量的。

在设计的过程中，梅州大埔梯田的生态美给了我灵感，将大自然的淳朴之美融入商业建筑中，裙楼犹如梯田的逐层旋转上升，不仅创造了别具一格的形态美，也营造了丰富的立体绿化。高层像是不断旋转的空中花园，双层幕墙"双层皮"的概念为传统的办公提供了多种多样的工作交往场所，突破常规的办公形态，改善白领的工作环境。叠落式的绿化广场，雨水和风都可以直接进入到负二层，而由此形成的开放空间为市民提供一个更好的休闲娱乐且高效的城市综合体。

创作灵感来源于生活的积累，既需要多观察和交流，也在于每一次全新的挑战和长期的积淀。我喜欢这种挑战，每一次

创作都是一次全新的体验，就像打高尔夫一样，每一个球洞的路线设计都不一样。设计亦如此，不同的项目，需要在不同的时间和空间去做设计，每一次的挑战就是一次对自己的考验和升华。

2014年，"中粮生态谷"的设计可以说是一次全新的尝试。项目位于北京房山区，占地17000亩，开发类型属于一个类旅游、养生的农业地产，涵盖了农业、展览、酒庄、花卉、生产加工、旅游休闲、别墅度假、生态酒店等多功能综合体。经过两轮招标，瑞典的斯维柯、英国的阿特金斯、日本的六角鬼丈等九家国际大牌设计公司竞争，最后我们与美国的奥雅纳公司联合中标。

在这个项目的设计中，我们因地制宜地提出了"五谷节气"的概念，在自身生态和建筑美学之间建立联系，用中国传统养生的概念与四季变化的节气自然合一的概念去串联生态谷的各种功能，各个展区以"春夏秋冬"四个节气全生命周期来演绎它的环境、景观以及建筑单体，包括材料和未来日常的运营，这个理念获得中粮集团领导的高度认可。初始概念当时受到中国台湾知名作家任翔《传家》一书的启发，这本书凝聚了中国传统文化智慧的传承，同时它也面向全世界的华人华侨进行文化的传承。"节气"是中国独有的农耕文化，它跟中国的生命哲学和生活哲学息息相关，用这个概念去串联和表达生态谷各种复杂的功能是再恰当不过了。

项目具有一定的特殊性，选址位于北京的母亲河"琉璃河"以及西周燕郊遗址公园，毗邻北京周口店猿人遗址附近，具有独一无二的地理优势和文化背景。为此，在建筑设计方面，我们大量使用砖、土、陶、石以及经过高压加工处理过的竹子作为基本材料，这一点也是基于生态和成本的考虑。整个项目从审美角度上来看，是以中国传统文化为出发点，但是功能却是全新的、面向未来的一种新兴的商业模式，对我们来说是一次全新的尝试，也让我们获益匪浅。

在建筑美学的探索道路上，随着视野、设计经验和知识储备的递增，我们更加意识到建筑设计是一个永远需要崭新挑战的行业，每一个新的项目都引发设计师新的灵感和激情，当下的每一个项目都是为下一个项目做积累和准备。我们也领悟到美学可以从历史、文化、科技、生态中引申而来，它不是无源之水、无本之木，而是来自历史的沉淀、时代的风向，来自日常烟火气的深切观察和高度认知。美学的含义也非常广泛，但建筑师通过设计实践把自己的认知和理解落实到具体的事物上。引申到社会和生活的方方面面，美学还代表了群体和个人的品格、品行、趣味，它投射了一个时代的世界观和价值观，并潜移默化地对身处其中的每个个体产生长远的影响。

每个建筑一旦建成，就是几十年甚至上百年的存在，因此我相信，建筑设计是可以承载时代梦想的，每个建筑师都必须用敬畏之心，建造美好，践行美学梦想。

C&Y 开朴艺洲设计机构董事长

项目检索

2019 →

中海 潍坊大观天下五期 C 地块
Design: 2019
Floor Area: 225010.26m^2
Site Area: 59923.00m^2
FAR: 2.91

中海 扬州华樾 106 号地块项目
Design: 2019
Floor Area: 192545.48m^2
Site Area: 72763m^2
FAR: 1.84

中海 桂林九樾
Design: 2019
Floor Area: 70847.36m^2
Site Area: 30653.99m^2
FAR: 1.80

中海 徐州海丽 2019-3 号地块
Design: 2019
Floor Area: 136423.60m^2
Site Area: 45952.89m^2
FAR: 2.20

中海 兰州铂悦花园
Design: 2019
Floor Area: 405997.95m^2
Site Area: 92464.40m^2
FAR: 3.43

建发 南宁鼎华悦玺
Design: 2019
Floor Area: 412465.25m^2
Site Area: 58700m^2
FAR: 5.20
Height: 149.50m

翔华 福州东方华城
Design: 2019
Floor Area: 58398.99m^2
Site Area: 22631m^2
FAR: 2.30

中海 吉林悦江府
Design: 2019
Floor Area: 136391m^2
Site Area: 55425m^2
FAR: 2.30

霖峰 南宁牛湾半岛规划
Design: 2019
Floor Area: 2075755m²
Site Area: 1474500m²
FAR: 1.41

雅居乐 惠州惠阳花园五期
Design: 2019
Floor Area: 234911.35m²
Site Area: 88048.14m²
FAR: 3.73

宗林 广西北流荔枝场项目
Design: 2019
Floor Area: 95596.20m²
Site Area: 53109m²
FAR: 1.80

大唐 深圳光明荔园项目
Design: 2019
Floor Area: 302513m²
Site Area: 35327m²
FAR: 6.25
Height: 139m

雅居乐 威海国际学校、幼儿园
Design: 2019
Floor Area: 6134.05m²
Site Area: 9464.24m²
FAR: 0.65

中海 潍坊凤凰里
Design: 2019
Floor Area: 31209m²
Site Area: 64168.50m²
FAR: 1.50

星河 深圳天地花园一期、二期
Design: 2019
Floor Area: 333700m²
Site Area: 35537m²
FAR: 6.50

中海 宁夏银川山河郡
Design: 2019
Floor Area: 193250.70m²
Site Area: 489969.22m²
FAR: 2.18

2018

建发 南宁玺院
Design: 2018
Floor Area: 77965m²
Site Area: 22275.78m²
FAR: 3.50

远洋 深圳德爱产业园
Design: 2018
Floor Area: 536869m²
Site Area: 56363.20m²
FAR: 7.49

中海 扬州十里丹堤
Design: 2018
Floor Area: 31676.09m²
Site Area: 116943.65m²
FAR: 1.80

中海 徐州九樾
Design: 2018
Floor Area: 378356.49m²
Site Area: 181244.10m²
FAR: 1.57

中海 赣州左岸岚庭
Design: 2018
Floor Area: 132898.08m²
Site Area: 47931m²
FAR: 2.20

彰泰 贺州橘子郡
Design: 2018
Floor Area: 116574.10m²
Site Area: 34054.10m²
FAR: 2.73

万鸿达 海南棕榈养生谷
Design: 2018
Floor Area: 99262.65m²
Site Area: 66279.27m²
FAR: 1.20

南山地产 合肥汤池康养特色小镇
Design: 2018
Floor Area: 699574m²
Site Area: 1061144m²
FAR: 0.60-0.67

中海 维坊观澜
Design: 2018
Floor Area: 533853m²
Site Area: 140200m²
FAR: 3.50

天泰 广州土华村改造项目
Design: 2018
Floor Area: 4069325m²
Site Area: 1097635m²
FAR: 3.70

南山地产 深圳赤湾庙北项目
Design: 2018
Floor Area: 343491m²
Site Area: 61052m²
FAR: 3.80
Height: 148.20m

中海 兰州铂悦府
Design: 2018
Floor Area: 320570.62m²
Site Area: 72747.90m²
FAR: 3.50

中海 济宁中海城
Design: 2018
Floor Area: 405811m²
Site Area: 189688m²
FAR: 1.90

中海 赣州左岸馥园
Design: 2018
Floor Area: 213842.74m²
Site Area: 71023.60m²
FAR: 2.40

天泰 义乌浦江禅文化特色小镇
Design: 2018
Floor Area: 1036666.66m²
Site Area: 101107m²
FAR: 1.30-1.32

中海 惠州阳光玫瑰园
Design: 2018
Floor Area: 69789.26m²
Site Area: 29569m²
FAR: 3.00

满京华 深圳云曦花园
Design: 2018
Floor Area: 162027.38m²
Site Area: 38177.60m²
FAR: 3.10

佳兆业 武汉悦府
Design: 2018
Floor Area: 352335.43m²
Site Area: 128539.15m²
FAR: 2.00

鸿威 黄山春江翡翠城项目
Design: 2018
Floor Area: 437137m²
Site Area: 159950.57m²
FAR: 2.33

鸿威 黄山东方雅苑
Design: 2018
Floor Area: 129617.42m²
Site Area: 60629m²
FAR: 1.75

雅居乐 惠州惠阳花园四期
Design: 2018
Floor Area: 297016.42m²
Site Area: 74844.04m²
FAR: 4.48

雅居乐 汕尾山海郡铂丽湾、君悦湾
Design: 2018
Floor Area: 783407m²
Site Area: 568201.28m²
FAR: 1.40-2.10
Height: 149.50m

荣和 柳州公园墅
Design: 2018
Floor Area: 339740.69m²
Site Area: 94618.05m²
FAR: 2.50

雅居乐 惠州白鹭湖（BLH-33）项目
Design: 2018
Floor Area: 127639.30m²
Site Area: 108977.62m²
FAR: 0.76

建发 珠海玺院
Design: 2018
Floor Area: 120821.98m²
Site Area: 47364.13m²
FAR: 2.02

佳兆业 成都金域都荟
Design: 2018
Floor Area: 377440.50m²
Site Area: 104964.04m²
FAR: 2.30-3.00

雅居乐 惠州白鹭湖学校
Design: 2018
Floor Area: 3900.57m²
Site Area: 4800m²
FAR: 0.81

卓越 东莞华玺时光
Design: 2018
Floor Area: 109940.94m²
Site Area: 26688.90m²
FAR: 3.50

佳兆业 惠州仲恺知春园
Design: 2018
Floor Area: 95391.46m²
Site Area: 22201m²
FAR: 3.20

雅居乐 汕头潮阳谷饶御宾府
Design: 2018
Floor Area: 436980m²
Site Area: 88703m²
FAR: 4.50

佳兆业 昆明城市广场
Design: 2018
Floor Area: 103856m²
Site Area: 21109m²
FAR: 4.92
Height: 103.95m

雅居乐 河源铂雅苑金麟府
Design: 2018
Floor Area: 373567.64m²
Site Area: 113202.20m²
FAR: 2.50

雅居乐 西安小镇客厅
Design: 2018
Floor Area: 20451.74m²
Site Area: 15755m²
FAR: 1.30

2017

阳光城 万国十四期 (YTD-20) 项目
Design: 2017
Floor Area: 116300m²
Site Area: 40173m²
FAR: 2.89

阳光城 广州南沙万国七八期项目
Design: 2017
Floor Area: 334030m²
Site Area: 71488.30m²
FAR: 4.67

满京华 深圳云朗公馆
Design: 2017
Floor Area: 24177m²
Site Area: 4512.30m²
FAR: 4.60

德商 中山樾玺一、二期
Design: 2017
Floor Area: 205010.19m²
Site Area: 60000m²
FAR: 2.40

集一 梅州尚成
Design: 2017
Floor Area: 280935.04m²
Site Area: 33334m²
FAR: 6.00

佳兆业 佛山金域花园七期
Design: 2017
Floor Area: 658994.20m^2
Site Area: 197584.25m^2
FAR: 2.50

华侨城 深圳超级总部基地
Design: 2017
Floor Area: 330712.50m^2
Site Area: 87757m^2
FAR: 3.20

霖峰 南宁霖峰壹号
Design: 2017
Floor Area: 569474.16m^2
Site Area: 95472.68m^2
FAR: 3.56

张家港市沙洲宾馆改扩建项目
Design: 2017
Floor Area: 42920m^2
Site Area: 4342.90m^2
FAR: 9.88

鸿荣源 深圳观澜牛湖新城项目
Design: 2017
Floor Area: 4294248m^2
Site Area: 1198687m^2
FAR: 3.58

彰泰 桂林橘子郡
Design: 2017
Floor Area: 160226.44m^2
Site Area: 27061.20m^2
FAR: 4.80

华侨城 三亚东岸湿地项目
Design: 2017
Floor Area: 1775200m^2
Site Area: 173.17hm^2
FAR: 3.00

融创 鹤山上峰领域
Design: 2017
Floor Area: 440122.60m^2
Site Area: 107934.52m^2
FAR: 3.00-6.50

君胜 凤栖湖酒店
Design: 2017
Floor Area: 6834.54m^2
Site Area: 22000m^2
FAR: 0.30

2016

恒邦伟业 深圳恒邦壹峯
Design: 2016
Floor Area: 64908m^2
Site Area: 5534m^2
FAR: 7.55
Heigh:120

鸿威 怀来翡翠城
Design: 2016
Floor Area: 141830m^2
Site Area: 109331m^2
FAR: 1.30

铁汉生态 梅州翰林华府
Design: 2016
Floor Area: 256029.76m²
Site Area: 67248m²
FAR: 3.50

宏发 深圳天汇时代花园二期
Design: 2016
Floor Area: 249405m²
Site Area: 32282m²
FAR: 5.23

君胜 深圳滨河豪苑
Design: 2016
Floor Area: 74000m²
Site Area: 30932.60m²
FAR: 4.20

2015 →

霖峰 惠州海颂花园
Design: 2016
Floor Area: 183825.77m²
Site Area: 34930m²
FAR: 4.44

招商 苏州雍和苑
Design: 2015
Floor Area: 121268m²
Site Area: 42484m²
FAR: 2.00

2014 →

佳兆业 珠海水岸新都
Design: 2015
Floor Area: 172830.24m²
Site Area: 51953.52m²
FAR: 2.62

南山地产 长沙白鹤十里天池
Design: 2015
Floor Area: 565347m²
Site Area: 390250m²
FAR: 1.13

彰泰 桂林悠山郡
Design: 2014
Floor Area: 279103m²
Site Area: 99021.90m²
FAR: 2.04

港中旅 沈阳中旅国际小镇二期
Design: 2014
Floor Area: 43180m²
Site Area: 62025m²
FAR: 0.70

鸿荣源 深圳民治第三工业区
Design: 2014
Floor Area: 551286m²
Site Area: 31261.10m²
FAR: 13.83
Height: 250m

中粮 深圳凤凰里花苑
Design: 2014
Floor Area: 174603.23m²
Site Area: 47595.44m²
FAR: 2.85

佳兆业 深圳盐田城市广场
Design: 2014
Floor Area: 537742m²
Site Area: 95820m²
FAR: 4.50

佳兆业 深圳呈祥花园
Design: 2014
Floor Area: 206373m²
Site Area: 31893m²
FAR: 4.60

深圳奥特迅工业园
Design: 2014
Floor Area: 123499.82m²
Site Area: 29206.83m²
FAR: 3.00

2013

嵩明 昆明职教基地教师小区
Design: 2013
Floor Area: 624309m²
Site Area: 189724m²
FAR: 2.50

东大 丽江华坪中和花园
Design: 2013
Floor Area: 102560m²
Site Area: 32999m²
FAR: 2.50

彰泰 桂林峰誉一期
Design: 2013
Floor Area: 97441.60m²
Site Area: 62805.50m²
FAR: 1.20

东正 惠州大亚湾酒店
Design: 2013
Floor Area: 456071.72m²
Site Area: 138878m²
FAR: 2.09

银川文化艺术馆新馆及老年大学
Design: 2013
Floor Area: 20000m²
Site Area: 20000m²
FAR: 1.00

润恒 深圳都市茗荟花园一期
Design: 2013
Floor Area: 114312.23m²
Site Area: 19359.49m²
FAR: 4.07

彰泰 桂林清华园
Design: 2013
Floor Area: 191177m²
Site Area: 98994m²
FAR: 1.30

2012 →

彰泰 桂林桃源居
Design: 2013
Floor Area: 364795.35m²
Site Area: 129768.18m²
FAR: 2.20

霖峰 东莞壹山境
Design: 2012
Floor Area: 154233.43m²
Site Area: 65982.38m²
FAR: 1.53

宏发 深圳御山公馆
Design: 2012
Floor Area: 88865.78m²
Site Area: 22490.49m²
FAR: 3.26

宏发 深圳云熙谷二期
Design: 2012
Floor Area: 308760m²
Site Area: 65504m²
FAR: 3.55

共青 九江新天地
Design: 2012
Floor Area: 113221.64m²
Site Area: 27392.91m²
FAR: 3.50

中展 增城金马香颂居
Design: 2012
Floor Area: 140464m²
Site Area: 58090.96m²
FAR: 2.00

帝豪 连云港阳光国际
Design: 2012
Floor Area: 212590.26m²
Site Area: 61200m²
FAR: 6.00
Height: 203.95m

鹏广达 深圳山海四季城
Design: 2012
Floor Area: 133240m²
Site Area: 17105m²
FAR: 6.02
Height: 130m

2011 →

东大 丽江中正花园
Design: 2012
Floor Area: 83160m²
Site Area: 40449m²
FAR: 1.50

帝豪 连云港水榭花都
Design: 2011
Floor Area: 386576m²
Site Area: 212530m²
FAR: 2.50

龙光 惠州龙光城二期
Design: 2011
Floor Area: 5380500m^2
Site Area: 1853035m^2
FAR: 2.90

东大 丽江华坪保和花园
Design: 2011
Floor Area: 116758m^2
Site Area: 15623m^2
FAR: 5.96

张家港地税局大厦
Design: 2011
Floor Area: 19990m^2
Site Area: 11336.97m^2
FAR: 1.34

张家港港城大厦
Design: 2011
Floor Area: 70699m^2
Site Area: 22273.30m^2
FAR: 1.98

中粮 成都祥云国际
Design: 2011
Floor Area: 12661m^2
Site Area: 26645m^2
FAR: 3.30

中粮 杭州云涛名苑
Design: 2011
Floor Area: 120455.17m^2
Site Area: 43961.20m^2
FAR: 2.50

中粮 深圳锦云国际
Design: 2011
Floor Area: 190086m^2
Site Area: 36941m^2
FAR: 4.00

中粮 深圳一品澜山花园
Design: 2011
Floor Area: 163375m^2
Site Area: 53113.15m^2
FAR: 2.38

2010 —

远洋 大连时代城
Design: 2010
Floor Area: 516020m^2
Site Area: 272210.34m^2
FAR: 1.90

中核 福清核电生活区
Design: 2010
Floor Area: 186556.70m^2
Site Area: 66667m^2
FAR: 2.18

天峰 惠州天鹅湾
Design: 2010
Floor Area: 84743m^2
Site Area: 19799.90m^2
FAR: 3.00

远洋 青岛风景
Design: 2010
Floor Area: 144203.39m²
Site Area: 46883m²
FAR: 2.30

融创 成都蓝谷地
Design: 2010
Floor Area: 314240m²
Site Area: 63600m²
FAR: 4.00

润恒 深圳御园
Design: 2010
Floor Area: 74586m²
Site Area: 72500.38m²
FAR: 0.60

紫薇 西安永和坊
Design: 2010
Floor Area: 507844.04m²
Site Area: 300852m²
FAR: 2.12

2009 →

安徽置地 合肥汇丰广场
Design: 2009
Floor Area: 12959.94m²
Site Area: 13269 39m²
FAR: 5.50

恒和 惠州诺丁山
Design: 2009
Floor Area: 50153.60m²
Site Area: 15753m²
FAR: 6.34

恒和 惠州主场
Design: 2009
Floor Area: 15753m²
Site Area: 9946m²
FAR: 4.00

坤祥 深圳花语岸花园
Design: 2009
Floor Area: 123423m²
Site Area: 36105m²
FAR: 2.80

蓝光 成都观岭二期
Design: 2009
Floor Area: 665634m²
Site Area: 186648m²
FAR: 0.30

蓝光 成都紫檀山
Design: 2009
Floor Area: 26720m²
Site Area: 46600m²
FAR: 0.50

荣和 南宁荣和大地
Design: 2009
Floor Area: 1563603.48m²
Site Area: 600207.17m²
FAR: 2.30

2008

上合 深圳宝安花园
Design: 2009
Floor Area: 287986.43m²
Site Area: 93123.05m²
FAR: 2.98

南阳体育公馆
Design: 2009
Floor Area: 25000m²
Site Area: 6588m²
FAR: 1.30

宇元 衡阳万向城
Design: 2008
Floor Area: 267269.57m²
Site Area: 37559m²
FAR: 5.42

高能 南昌金域名都四期
Design: 2008
Floor Area: 61572m²
Site Area: 11426m²
FAR: 4.40

扬名 珠海海邑
Design: 2008
Floor Area: 47525m²
Site Area: 15553m²
FAR: 3.05

2007

美林 惠州江北花园
Design: 2007
Floor Area: 94910m²
Site Area: 22330m²
FAR: 3.00

荣和 南宁中央公园
Design: 2007
Floor Area: 315035.32m²
Site Area: 47618.93m²
FAR: 5.50

2006

中天 东莞城市风景
Design: 2006
Floor Area: 148661.65m²
Site Area: 69970m²
FAR: 1.80

多元 成都总部国际 1 号
Design: 2006
Floor Area: 63031.90m²
Site Area: 66311.17m²
FAR: 1.58

汕尾海丽国际高尔夫别墅
Design: 2006
Floor Area: 35145.60m²
Site Area: 61336.40m²
FAR: 0.46

新长江 仙桃世纪雅园
Design: 2006
Floor Area: 134551.69m²
Site Area: 82479.68m²
FAR: 2.11

美地 惠州花园城
Design: 2006
Floor Area: 60780m²
Site Area: 8499m²
FAR: 7.15

2005 →

万福 汕尾黄金海岸
Design: 2005
Floor Area: 399270m²
Site Area: 200321m²
FAR: 1.99

新余时代名座广场
Design: 2005
Floor Area: 80043.23m²
Site Area: 11734.60m²
FAR: 5.31

高能 宜春宜人华府
Design: 2005
Floor Area: 157442.20m²
Site Area: 107165m²
FAR: 1.47

太极 郑州滨水带圣菲城
Design: 2005
Floor Area: 293995m²
Site Area: 89360.50m²
FAR: 2.79

森宇 珠海华南名宇二期
Design: 2005
Floor Area: 362650m²
Site Area: 128352.61m²
FAR: 2.63

2004 →

宏远 东莞江南雅筑
Design: 2004
Floor Area: 148189m²
Site Area: 58000m²
FAR: 1.99

力通 东莞中堂南国雅苑花园
Design: 2004
Floor Area: 237239.30m²
Site Area: 86866m²
FAR: 2.30

恒瑞 赣州蓝波湾
Design: 2004
Floor Area: 49293.10m²
Site Area: 16500m²
FAR: 2.90

鸿荣源 深圳西城上筑
Design: 2004
Floor Area: 203329m²
Site Area: 38090m²
FAR: 4.22

张家港建设局、农村商业银行
Design: 2004
Floor Area: 48300m²
Site Area: 79000m²
FAR: 0.61

1997

深圳市中级人民法院
Design: 1997
Floor Area: 25000m²
Site Area: 10870m²
FAR: 2.30

参考文献

[1] 黎琴 . 住宅建筑规划设计与人居环境探析 [J]. 中国住宅设施，2017（2）：46-47.

[2] 徐发辉 . 住宅建筑规划设计与人居环境探析 [J]. 住宅与房地产，2016（24）.

[3] 葛长川 . 住宅建筑规划设计与人居环境探析 [J]. 居舍，2018(21):95.

[4] 毛其智 . 城市是人类共同的家园，城市的美好明天需要我们共同创造 [Z]. 人类居住，2019（4）.

[5] 吴佳贝 . 立体绿化营造健康人居上的初探 [J]. 中外建筑，2018(08):70-73.

[6] 麦婉华 . 世界首个"跨境"大湾区横空出世 [J]. 小康，2017(17):16-21.

[7] 胡凯富 . 城市人居环境演变的分异现象及成因分析——基于"北上广深"城市发展统计数据的实证研究 [A]. 中国风景园林学会 . 中国风景园林学会 2018 年会论文集 [C]. 中国风景园林学会 : 中国风景园林学会，2018:4.

[8] 覃艳华，曹细玉 . 世界三大湾区发展演进路径对粤港澳大湾区建设的启示 [J]. 统计与咨询，2018(05):40-42.

[9] 丁焕峰 . 粤港澳大湾区：助力广东"三个支撑"的世界经济新高地 [N]. 科技日报，2017-07-14(007).

[10] "粤港澳大湾区城市群发展规划研究"课题组 . 创新粤港澳大湾区合作机制建设世界级城市群 [A]. 中国智库经济观察（2017）[C]. 中国国际经济交流中心，2018:5.

[11] 景春梅 . 把粤港澳大湾区城市群建成世界经济增长重要引擎——第 96 期"经济每月谈"综述 [A]. 中国智库经济观察（2017）[C]. 中国国际经济交流中心，2018:6.

[12] 何玮，喻凯 . 粤港澳大湾区政府合作研究——基于世界三大湾区政府合作经验的启示 [J]. 中共珠海市委党校珠海市行政学院学报，2018(01):50-53.

[13] 王静田 . 国际湾区经验对粤港澳大湾区建设的启示 [J]. 经济师，2017(11):16-18+20.

[14] 申明浩，杨永聪 . 国际湾区实践对粤港澳大湾区建设的启示 [J]. 发展改革理论与实践，2017(07):9-13.

[15] 欧小军 . 世界一流大湾区高水平大学集群发展研究——以纽约、旧金山、东京三大湾区为例 [J]. 四川理工学院学报 (社会科学版)，2018，33(03):83-100.

[16] 刘瞳 . 粤港澳大湾区与世界主要湾和国内主要城市群的比较研究——基于主成分分析法的测度 [J]. 港澳研究，2017(04):61-75+93-94.

[17] 百度百科 . 纽约 .[EB/OL].

[18] 百度百科 . 中央公园 .[EB/OL].

[19] 百度百科 . 高线公园 .[EB/OL].

[20] 百度百科 . 哈德逊园区 .[EB/OL].